经典枪械鉴赏指南

军情视点 编

化学工业出版社
·北京·

本书不仅详细介绍了枪械的发展历史和一些专业知识，还全面收录了世界各国研制的两百余种经典枪械，包括手枪、步枪、冲锋枪、霰弹枪、机枪等，每种枪械都有详细的性能介绍，并有准确的参数表格。

本书不仅是广大青少年朋友学习军事知识的不二选择，也是军事爱好者收藏的绝佳对象。

图书在版编目(CIP)数据

经典枪械鉴赏指南：金装典藏版 / 军情视点编. 北京：化学工业出版社，2017.4（2025.4重印）
ISBN 978-7-122-29086-1

Ⅰ. ①经… Ⅱ. ①军… Ⅲ. ①枪械-世界-指南 Ⅳ. ①E922.1-62

中国版本图书馆CIP数据核字（2017）第029496号

责任编辑：徐 娟　　装帧设计：中海盛嘉
责任校对：边 涛　　封面设计：刘丽华

出版发行：化学工业出版社(北京市东城区青年湖南街13号　邮政编码100011)
印　　装：中煤（北京）印务有限公司
710mm × 1000mm　1/16　印张 18　字数 450千字　2025年4月北京第1版第5次印刷

购书咨询：010-64518888　　售后服务：010-64518899
网　　址：http://www.cip.com.cn
凡购买本书，如有缺损质量问题，本社销售中心负责调换。

定　　价：69.80元

前言

在19世纪中期的多场战争中，近代枪械的雏形首次发挥其压倒性的战斗力，把战争从以往的前装滑膛枪和刀矛弓箭等冷兵器并用的时代彻底改变，枪械的出现完全颠覆了战争的模式，并引起了各国争相开发和购置新式枪械的新热潮。

枪械是步兵的主要武器，也是其他兵种的辅助武器。在一百多年来大大小小的战争中，为适应战争的需要，枪械也在不断地推陈出新。从火绳枪到燧发枪，从前膛枪到后膛枪，从单发的步枪到连发的半自动、自动步枪，从速射的机枪、冲锋枪、突击步枪，到百步穿杨的狙击步枪，各种各样的枪械，几乎在所有的战争和军事行动中，都能见到它们的身影。时至今日，尽管各种高科技武器不断出现，但枪械仍然在现代军队中占据着重要位置。

本书不仅详细介绍了枪械的发展历史和一些专业的知识，还全面收录了世界各国研制的两百余种经典枪械，包括手枪、步枪、冲锋枪、霰弹枪、机枪等，每种枪械都有详细的性能介绍，并有准确的参数表格。通过阅读本书，读者会对各种枪械有一个全面和系统的认识。

作为传播军事知识的科普读物，最重要的就是内容的准确性。本书的相关数据资料均来源于国外知名军事媒体和军工企业官方网站等权威途径，坚决杜绝抄袭拼凑和粗制滥造。在确保准确性的同时，我们还着力增加趣味性和观赏性，尽量做到将复杂的理论知识用简明的语言加以说明，并添加了大量精美的图片。

参加本书编写的有丁念阳、黎勇、王安红、邹鲜、李庆、王楷、黄萍、蓝兵、吴璐、阳晓瑜、余凑巧、余快、任梅、樊凡、卢强、席国忠、席学琼、程小凤、许洪斌、刘健、王勇、黎绍美、刘冬梅、彭光华、邓清梅、何大军、蒋敏、雷洪利、李明连、汪顺敏、夏方平、杨淼淼、祝如林、杨晓峰、张明芳、易小妹等。在编写过程中，国内多位军事专家对全书内容进行了严格的筛选和审校，使本书更具专业性和权威性，在此一并表示感谢。

由于时间仓促，加之军事资料来源的局限性，书中难免存在疏漏之处，敬请广大读者批评指正。

编者

2016年10月

目录

目录

第1章

枪械杂谈

枪械主要以打击无防护或弱防护的有生目标为主，是步兵的主要武器，亦是其他兵种的辅助武器，在民间更广泛用于治安警卫、狩猎、体育比赛。作为一种远距离作战武器，枪械在战争中成为运用最多最广泛的神兵利器。

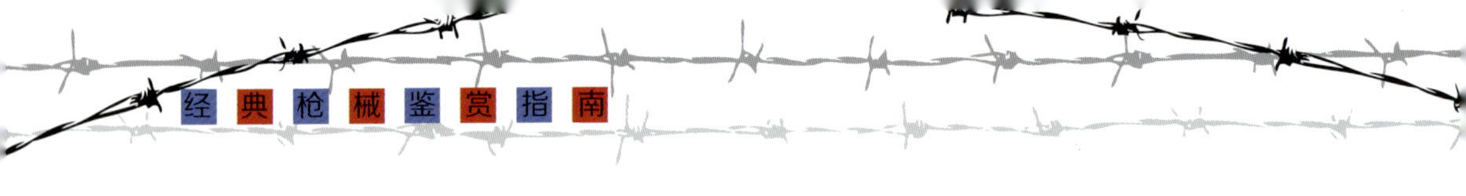

枪械发展历史

早在1259年，中国人就发明了以黑火药发射弹丸、竹管为枪管的第一支“枪”——突火枪。其基本形状为：前段是一根粗竹管；中段膨胀的部分是火药室，外壁上有一点火小孔；后段是手持的木棍。其发射时以木棍拄地，左手扶住竹管，右手点火，发出一声巨响，射出石块或者弹丸，未燃尽的火药气体喷出枪口达两三米。这种原始的火枪真正所能起到的，也只有心理威慑作用。首先，由于火药的原料配比问题，其推力相当有限，射程大概不到一百米，又因为射击方式很僵硬，根本不可能运用现代的“三点一线”式瞄准方式，再因为其枪管为竹管，在射击了大约四五次之后，枪管末段的竹质就会因为火药爆炸时的灼烧而变得十分脆弱，摔在地上就会折断，更有甚者，射击的时候因为膛压过高干脆炸膛，竹子哪里撑得住那样的爆炸，很少能成功开火，所以杀伤力很低，主要是心理威慑作用。

14世纪中期， 意大利出现了名叫“火门枪”的武器， 这种武器主要用于城堡要塞的防御。在此基础上，后人又设计出了火绳枪。

▼ 抛石机和突火枪

火绳枪在发射时，可用手指将金属弯钩往火门里推压，使火绳引燃点火药，继续点燃发射药。这样，射手可以一边瞄准一边推火绳点火。不过，由于火绳枪是前膛单发填装且弹丸与推进药分装，所以其射速非常慢，大约30秒一发。再者，暴露在外的火绳非常容易被风吹灭或者雨水浇灭，射击非常容易失败，枪手还需要用火折子直接去点火绳，所以射击失败之后的重新射击也非常麻烦。 火绳枪是后来燧发枪的先驱。燧发枪是在17世纪由法国人发明的。它的基本结构如同打火枪，即利用击锤上的燧石撞击产生火花，引燃火药。燧发枪的平均口径大约为13.7毫米，由于还没有发明后装弹式火枪，所以这对当时的弹药装填技术做了很高的要求，按以前的装填方法，装填弹丸时，需将弹丸放到枪口，用木鎯头打送弹棍，推枪弹进膛，这是非常费时间的，而在战场上，这就意味着浪费生命。

燧发枪的出现标志着纯机械式点火时代技术的结束，而之后的爆炸式点火技术就意味着瞬间点火时代的开始。首先进行爆炸式点火技术激发试验的是一个名叫亚历山大 · 福希斯的苏格兰牧师。福希斯开始用的是器皿装雷汞粉。后来把雷汞粉铺在两张纸之间，再进一步制作了纸卷“火帽”，这种发明大大加快了枪械的发射速度。1812年，法国出现了弹头、火药和纸弹壳组合一体的定装式枪弹，于是，人们开始从枪管尾部装填弹药。

1835年，普鲁士人德莱赛成功发明了后装式步枪，他把自己造的枪称为“针枪”。在使用时，射手用枪机从后面将子弹推入枪膛，在扣动扳机后枪机上的击针穿破纸弹壳并撞击底火，引燃发射药将弹丸击发。1867年，德国研制成功了制造了世界上第一支使用金属外壳子弹的机柄式步枪。这种枪有螺旋膛线，使用定装式枪弹，操纵枪机机柄可实现开锁、退壳、装弹和闭锁。

随着技术的发展，终于在19世纪末出现了自动枪械，并在第一次世界大战（以下简称一战）中大放光彩。在索姆河战役中，德国使用马克沁机枪对冲击德军阵地的英法联军扫射，使英军一天的伤亡就达到近6万人。马克沁机枪一战成名，在此役之后各国军队纷纷开始装备，并被称为最具威慑力的陆战武器。于是自动枪械开始取代手动枪械，成为战场上新崛起的一个新星。

一战之后，各国积极开发各种手枪、左轮手枪、冲锋枪、手动步枪、半自动步枪、自动步枪、狙击步枪及机枪。直至第二次世界大战（以下简称二战）后期，还出现了自动步枪和突击步枪，如1944年出现在战场上的德国7.92毫米StG44突击步枪，特点是火力强大、轻便、在连续射击时亦较机枪容易控制，这是世界上第一种突击步枪，亦对世界各国枪械的研制产生了重大影响。

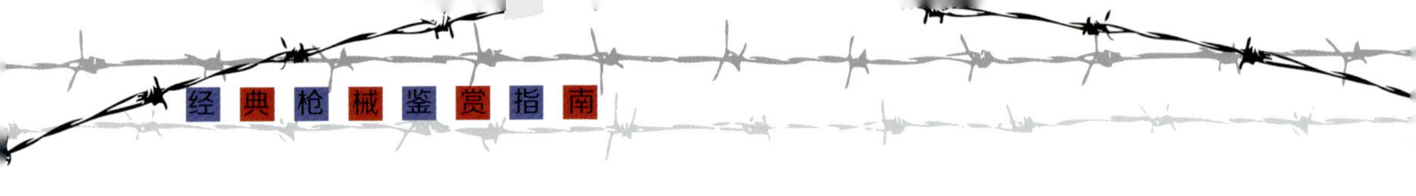

★★★枪械的分类

手枪

▲ SIG SAUER P226手枪

手枪是一种单手握持瞄准射击或本能射击的短枪管武器，通常为指挥员和特种兵随身携带，用在50米近程内自卫和突然袭击敌人。现代手枪的基本特点是：变换保险、枪弹上膛、更换弹匣方便，结构紧凑，自动方式简单。现代军用手枪主要有自卫手枪和冲锋手枪。

步枪

▼ HK416突击步枪

步枪是指有膛线的长枪。属于单兵肩射的长管枪械。主要用于发射枪弹，杀伤暴露的有生目标，有效射程一般为400米；也可用刺刀、枪托格斗；有的还可发射枪榴弹，具有点面杀伤和反装甲能力。步枪按自动化程度分为非自动、半自动和全自动三种，现代步枪多为自动步枪。步枪按用途分为普通步枪、突击步枪和狙击步枪。狙击步枪是一种特制的高精度步枪，一般为半自动或手动，多数配有光学瞄准镜，有的还带有两脚架，装备狙击手，用于杀伤600～800米以内重要的单个有生目标。突击步枪射速较高、射击时较稳定、后坐力比较低、枪身较短小轻便，能够以全自动及半自动方式射击，具有合乎人体工学的现代化外形（装有手枪式握把和枪托在枪管中线），发射中间型威力枪弹或小口径步枪弹，有效射程300～500米，是具有冲锋枪的猛烈火力和接近普通步枪射击威力的自动步枪。

冲锋枪

冲锋枪通常是指双手持握、发射手枪子弹的单兵连发枪械，曾被称作“手提机关枪”。它是介于手枪和机枪之间的武器，比步枪短小轻便，便于突然开火，射速高，火力猛，适用于近战或冲锋，因而得名“冲锋枪”，在人类战争史上有举足轻重的作用。

▲ 冲锋枪射击的瞬间

霰弹枪

▼ M4 Super90 霰弹枪

霰（xiàn）弹枪是指无膛线（滑膛）并以发射霰弹为主的枪械，旧称为猎枪或滑膛枪，有时也被称为鸟枪。其外形和大小与半自动步枪相似，明显的分别是有较大口径和粗大的枪管，部分型号无准星或标尺，口径一般达到18.2毫米，火力大，杀伤面宽，是近战的高效武器，已被各国特种部队和警察部队广泛采用。现代军用霰弹枪的外形和内部结构都非常类似于突击步枪，全枪基本由滑膛枪管、自动机、击发机、弹仓、瞄准装置以及枪托、握把等组成。

机枪

机枪是指全自动、可快速连续发射的枪械。通常分为轻机枪、重机枪和通用机枪等。为了满足连续射击的稳定需要，机枪通常备有两脚架及可安装在三脚架或固定枪座上，以扫射为主要攻击方式。按照自动原理不同可以分为两类，一类是以加特林为代表的外部能源机枪，另一类是以马克沁、勃朗宁为代表的，以火药燃气为动力的机枪，后者又可以分为管退式、导气式、自由枪机式、混合式等多种。

▲ M134迷你炮机枪

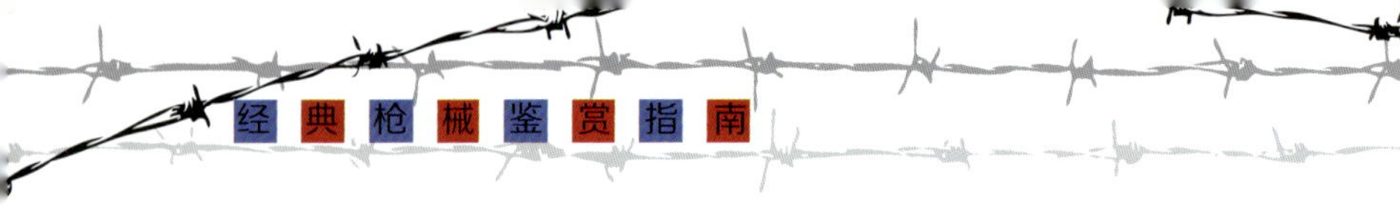

枪械部分名词解释

口径

枪管的内径是指塞入时正好贴紧阳膛壁的假想圆筒的直径。一般是测量两个相对的阳膛壁间的距离来断定，也就是膛径。

▲左轮手枪枪口特写

凸轮

枪机结构内用来执行转动、倾斜、位移的机件或构型，例如柯尔特 M1911A1 型手枪上用来在后坐行程中将枪管拉下与滑套分离的凸轮即是，又如在 M16 步枪的枪栓连动座上负责将枪栓头转动完成闭锁、开锁的凸轮栓和相应滑槽。

夹压槽

指环绕弹头或弹壳外壁的沟槽。

▼各种军用定装弹

子弹

步枪或手枪所使用的弹药，通常包含弹头、弹壳、装药、底火四部分。霰弹枪的弹药叫霰弹。

弹夹

弹夹由金属框架或金属条做成，将数发子弹装填成一排或交错，用以对枪支装填弹药之用。

▲格洛克26手枪弹夹

十字瞄准线

是光学瞄准具中使用的一种瞄准线类型，两条细线以直角交会在一起。实际的形状、线的粗细等随各厂家设计而有不同。

延迟反冲

气体反冲式的一种变形，当弹壳因气体压力后退对枪栓施压时，枪栓利用机械原理把后退的动作延迟一段时间，让膛压下降到安全程度才继续反冲的其余动作。如此一来，枪栓的重量可以大为减轻，复进簧的弹力也可以降低一点。德国黑克勒-科赫（HK）公司的G3系列步枪以及MP5系列冲锋枪都是使用滚轮延迟反冲的作用方式。

Pistol 第2章

手枪

手枪是一种单手握持瞄准射击或本能射击的短枪管武器，通常为指挥员和特种兵随身携带，用在50米近程内自卫和突然袭击敌人。目前国外装备的手枪，从口径上看，大多是9毫米的口径，少量的是7.65毫米、7.62毫米、11.43毫米。今后手枪的发展主要特点是重量轻、便于携行和操作、弹药在50米内有致命效果并能对付穿防弹衣的对手。

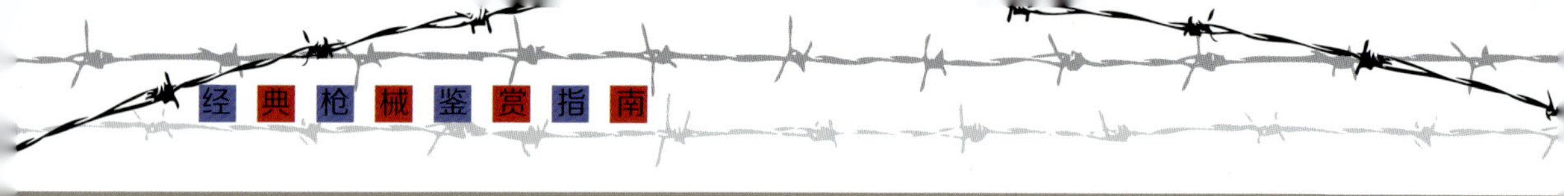

美国M1911手枪

英文名称：M1911 Pistol
研制国家：美国
类型：半自动手枪
制造厂商：柯尔特公司等
枪机种类：自由枪机
重要型号：M1911A1、M1911A2
生产数量：超过200万支
服役时间：1911年至今
主要用户：美国军队

基本参数	
口径	11.43毫米
全长	210毫米
枪管长	127毫米
空枪重量	1105克
有效射程	50米
枪口初速	251.46米/秒
弹容量	8发

M1911是在1911年起生产的.45 ACP口径半自动手枪，由约翰·勃朗宁设计，推出后立即成为美军的制式手枪并一直维持达74年（1911~1985年）。M1911曾经是美军在战场上常见的武器，在整个服役时期美国共生产了约270万把M1911及M1911A1（不包括盟国授权生产），是历来累积产量最多的自动手枪。M1911系列亦是约翰·勃朗宁以枪管短行程后坐作用原理来设计的著名产品，其特点也影响着其他在20世纪推出的手枪。

M1911A1的可靠性及美国人对.45口径的情有独钟令M1911系列在民间市场深受喜爱。射靶训练、比赛、个人自卫，甚至是IPSC也经常见到M1911系列或以其做改进或仿制版本的踪影，民间拥有者也喜欢以订制零件对手枪进行改装，美国市面上亦有多家厂商以M1911为基础来生产不同规格的版本。

▲ 比赛版本的M1911

▼ 军用型M1911A1的分解图

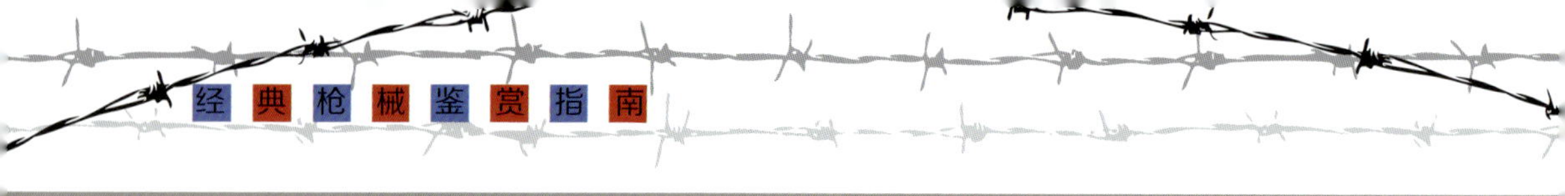

美国 M45A1 手枪

英文名称：M45A1 Pistol

研制国家：美国

类型：半自动手枪

制造厂商：柯尔特公司

枪机种类：自由枪机

服役时间：2010年至今

主要用户：美国海军陆战队

基本参数	
口径	11.43毫米
全长	215.9毫米
枪管长	127毫米
空枪重量	1034.76克
有效射程	50米
枪口初速	310米/秒
弹容量	7发、8发

柯尔特公司于2010年以M1911手枪为蓝本，设计了一款全新手枪——柯尔特磁道炮手枪。柯尔特公司将该枪交予海军陆战队进行测试，经测试后，该枪的各项性能符合他们的要求，于是便采用了该枪，并命名为M45A1手枪。

M45A1手枪是一把全尺寸型号的M1911手枪，装有一根127毫米锻压不锈钢国家比赛等级枪管。底把和套筒都由锻压钢制造。M45A1采用单一的全尺寸型复进簧导杆，以及串联式复进簧组件，因此需要在套筒的前面留下多条锯齿状突起的防滑纹以加强其在强大压力下的抗变形力。M45A1还设有握把式保险、柯尔特战术型延长双手拇指通用手动保险、诺瓦克低接口进位型氚光圆点夜间机械瞄具、增强型中空指挥官型风格击锤、三孔式锯齿形表面铝制扳机（军警用型则为无孔式铝制扳机）、调低和扩口式抛壳口。

▲ 灰色涂装的M45A1

▼ 士兵用M45A1进行射击训练

美国 M9 手枪

英文名称：M9 Pistol

研制国家：意大利

类型：半自动手枪

制造厂商：伯莱塔公司

枪机种类：自由枪机

重要型号：M9、M9A1

服役时间：1990年至今

主要用户：美国军队

基本参数	
口径	9毫米
全长	217毫米
枪管长	125毫米
空枪重量	969克
有效射程	50米
枪口初速	381米/秒
弹容量	15发

伯莱塔M9手枪是美军在1990年起装备的制式手枪，由意大利伯莱塔92F（早期型M9）及92FS衍生而成。采用短行程后坐作用原理、单/双动扳机设计，以15发可拆式弹匣供弹，保险制及弹匣释放钮左右两面皆可操作。

伯莱塔M9手枪维护性好、故障率低，据试验，该枪在风沙、尘土、泥浆及水中等恶劣战斗条件下适应性强。2003～2004年间，一些报告指出军方购买的M9弹匣在伊拉克使用时出现问题，实际测试后发现问题主要来自经磷酸盐处理的弹匣。目前M9仍是美军的主要制式手枪，并且在短时间内不会被大规模取代。

▲ M9手枪特写

▼ M9的分解图

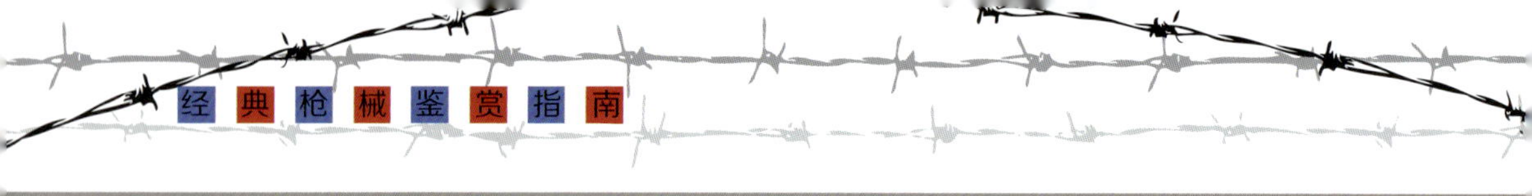

美国 MEU（SOC）手枪

英文名称：
Marine Expeditionary Unit（SOC）Pistol
研制国家：美国
类型：半自动手枪
制造厂商：美国海军陆战队精确武器工场等
枪机种类：自由枪机
服役时间：1985年至今
主要用户：美国海军陆战队

Firearms ★★★

基本参数	
口径	11.43毫米
全长	209.55毫米
枪管长	127毫米
空枪重量	1105克
有效射程	70米
枪口初速	244米/秒
弹容量	7发

MEU（SOC）手枪是以军方原来发配给部队的柯尔特M1911A1政府型手枪作为基础，由位于弗吉尼亚州匡提科镇的美国海军陆战队精确武器工场的工人进行手工生产，由于没有正式定型，所以这些改装好的手枪一律称为MEU（SOC）手枪。MEU（SOC）手枪还安装了一个由纤维材料制成的后坐缓冲器，能够降低后坐感，在速射时尤其有利。但其本身耐用度不高，若缓冲器变成小碎片容易积累在手枪里面导致出现故障。但大多数陆战队员认为这没多大问题，因为在陆战队里面的所有武器都能得到定时和充分的维护。

M9手枪无论从外部结构还是作战性能，都能在手枪界排上名次，它服役于美国海军陆战队远征队侦察部队，并且使用至今。

▲ 使用MEU（SOC）手枪的美国海军陆战队士兵

▼ 黑色涂装的MEU（SOC）手枪

美国“蟒蛇”手枪

英文名称：Python Pistol	
研制国家：美国	
类型：左轮手枪	
制造厂商：柯尔特公司	
枪机种类：单动/双动	
服役时间：1955～2005年	
主要用户：美国警察部门等	

Firearms ★★★

基本参数	
口径	9毫米
全长	217毫米
枪管长	125毫米
空枪重量	952克
有效射程	50米
枪口初速	353.56米/秒
弹容量	6发

“蟒蛇”是一把双动操作的左轮手枪，兼具弹仓和膛室功能的转动式弹巢可以装载、发射及承受威力及侵彻力强大的.357马格努姆手枪子弹。“蟒蛇”的威力足以在近距离击倒一只猛兽。“蟒蛇”的声誉是来自其准确性、顺畅而且很容易扣下的扳机和较紧密的弹仓闭锁。

“蟒蛇”手枪的扳机在完全扳上时，弹巢会闭锁以便于撞击子弹底火，在弹巢和击锤之间相差的距离较短，使扣下扳机和发射之间的距离缩短，以提高射击精度和速度。由于枪管下面有一直延伸到枪口端面的枪管底部退壳杆保护凸耳、装上瞄准镜的霰弹枪型散热肋条以及外观精美而且可拆卸、可调节和可转换的照门，因此“蟒蛇”的外观较其他左轮手枪更为独特。

美国“响尾蛇”手枪

英文名称：Diamondback Pistol
研制国家：美国
类型：左轮手枪
制造厂商：柯尔特公司
枪机种类：双动
服役时间：1966年至今
主要用户：美国

基本参数	
口径	9毫米
全长	229毫米
发射方式	单发
空枪重量	1190克
枪管长	10毫米、15毫米
有效射程	50米
枪口初速	350米/秒
弹容量	6发

“响尾蛇”左轮手枪由美国柯尔特公司所研制，由于其设计灵感来源于当时比较知名的“蟒蛇”手枪，因此在外形上和“蟒蛇”手枪十分相似，口径也都是9毫米。“响尾蛇”手枪性能较为优秀，在1966年该枪推出之后，就受到不少枪支爱好者的青睐。

“响尾蛇”的轮轴套延长到枪口，可以在手枪上加装瞄准镜以提高射击精度。该枪使用的子弹为马格南枪弹，其轮式弹巢可以容纳6发子弹。此外，该枪还有10毫米和15毫米两种型号的枪管。

美国“灰熊”手枪

英文名称：Grizzly Pistol

研制国家：美国

类型：半自动手枪

制造厂商：L.A.R.制造公司

枪机种类：自由枪机

服役时间：1983年至今

主要用户：美国

基本参数	
口径	9毫米
全长	260.35毫米
枪管长	165.1毫米
空枪重量	1360克
最大射程	1000米
枪口初速	426米/秒
弹容量	7发

“灰熊”手枪是由美国人派瑞·阿奈特在20世纪80年代初期设计的，后来他把生产和销售权卖给了L.A.R.公司。

“灰熊”手枪使用威力更大的11.43毫米温彻斯特-马格南子弹，而不是原版M1911手枪的11.43毫米ACP子弹。之后推出的“灰熊”V型手枪，还可以发射11.17毫米马格南和12.7毫米AE子弹。由于该枪的尺寸、重量和后坐力较大，其主要市场是在狩猎和金属靶射击。“灰熊”手枪于1999年停止生产，但直到现在生产商仍然生产着相关的备用零件。

美国 Bren Ten 手枪

英文名称：Bren Ten Pistol

研制国家：美国

类型：半自动手枪

制造厂商：多诺斯和迪克逊企业公司

枪机种类：自由枪机

服役时间：1983年至今

主要用户：美国

Firearms ★★★

基本参数	
口径	11.43毫米
全长	222毫米
枪管长	127毫米
空枪重量	1100克
有效射程	40米
枪口初速	410米/秒
弹容量	8发、10发、15发

Bren Ten手枪是在捷克斯洛伐克的CZ-75的基础上改进而来的，包括采用不锈钢结构、便于快速瞄准的战斗瞄具以及其他的功能。由于Bren Ten手枪是纯手工生产和装配，所以产量非常低，当时的产量不足1500把。

Bren Ten手枪的弹夹是在意大利生产的，当时意大利海关禁止其战争物资到美国民用市场，因此该枪的第一批客户在两年里都无法买到备用的弹匣。之后，各大客户都开始取消订单。1986年，Bren Ten手枪公司被迫申请破产。

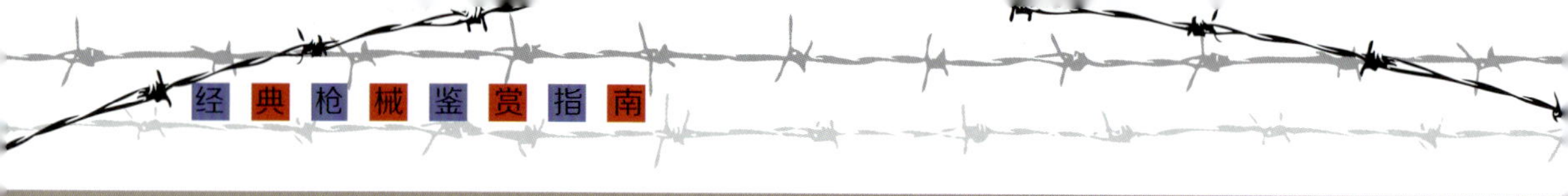

美国 PMR-30 手枪

英文名称：PMR-30 Pistol
研制国家：美国
类型：半自动手枪
制造厂商：Kel-Tec数控工业公司
枪机种类：双动
服役时间：2009年至今
主要用户：美国

基本参数	
口径	5.59 毫米
全长	201毫米
枪管长	109毫米
空枪重量	386克
有效射程	50米
枪口初速	375米/秒
弹容量	30发

PMR-30是由美国佛罗里达州枪械公司Kel-Tec数控工业公司研制及生产的全尺寸型半自动手枪，在2011年对民用市场推出，发射.22温彻斯特马格努姆凸缘式弹型手枪子弹。

PMR-30采用了直接后坐作用的枪机，加上膛室内部的凹槽，大大减少了抽壳时弹壳和枪膛之间的摩擦力。PMR-30大量采用了聚合物制造，以节省重量和成本，并使用钢制套筒和枪管以及铝合金制握把内部底把。PMR-30亦采用内置式击锤，纯双动操作扳机。

美国史密斯－韦森 M500 手枪

英文名称：
Smith & Wesson Model 500
研制国家：美国
类型：左轮手枪
制造厂商：史密斯-韦森公司
枪机种类：双动
服役时间：2003年至今
主要用户：美国

Firearms

基本参数	
口径	12.7毫米
全长	228.6毫米
枪管长	70毫米
空枪重量	1550克
有效射程	50米
枪口初速	632米/秒
弹容量	5发

制造商宣称M500为“当今世界威力最大的批量生产左轮手枪”，其口径比“沙漠之鹰”大，威力也更胜一筹。虽然发射子弹的威力巨大，但M500的先进设计有助于减少持枪者的后坐感。这些设计包括超重的枪身，橡胶底把，配重块，以及特别设计的枪口制退器等。

和其他大口径枪械一样，M500适用于射击运动或户外狩猎。大威力弹药使这把枪能够狩猎极大型的非洲野生动物，初学者使用此枪时必须有教练特别指导。

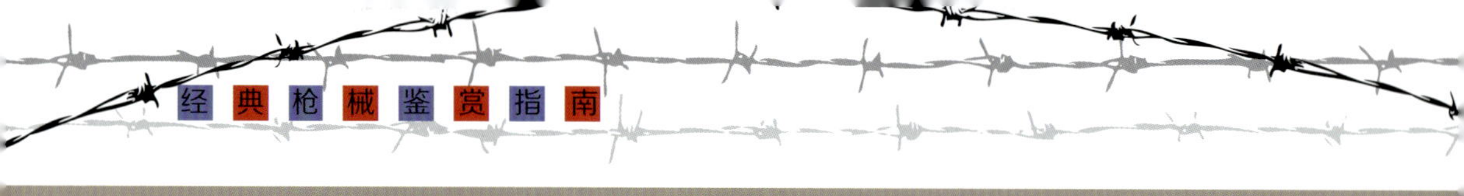

美国史密斯-韦森1076式手枪

英文名称：

Smith & Wesson 1076 10mm Pistol

研制国家：美国

类型：自动手枪

制造厂商：史密斯-韦森公司

枪机种类：枪管短行程后坐作用

服役时间：1986年至今

主要用户：美国

Firearms ★★★

基本参数	
口径	10毫米
全长	197毫米
发射方式	单发
空枪重量	1125克
枪管长	108毫米
有效射程	50米
枪口初速	600米/秒
弹容量	9发、11发、15发

1076式手枪为美国史密斯-韦森公司研制，是一种威力较大、重量较轻的大口径手枪。1076式手枪在1986年美国联邦调查局的招标中从21家竞选公司的产品中脱颖而出，一举中标。

该手枪采用的是史密斯·韦森公司传统的枪管短后坐式工作原理，枪管偏移式开闭锁结构。枪体由不锈钢制成，握把较直。1076式使用的瞄准装置由缺口照门和柱状准星所组成，准星和照门都可以调整。使用的弹药为10毫米减威力枪弹。其弹夹有9发、11发、15发三种型号，标准配置为4个9发弹夹、2个11发弹夹及1个15发弹夹。

美国史密斯-韦森 M60 手枪

英文名称：

Smith & Wesson Model 60

研制国家：美国

类型：左轮手枪

制造厂商：史密斯·韦森公司

枪机种类：双动

服役时间：1965年至今

主要用户：韩国警察、美国警察

基本参数	
口径	9毫米
全长	127毫米
枪管长	47.63毫米
空枪重量	539克
有效射程	50米
枪口初速	325米/秒
弹容量	5发

M60是史密斯·韦森公司于1965年推出的左轮手枪，有体积小巧、质量轻、携带方便、不易被发现以及抽枪比较容易等特点，针对那些经常在户外活动的人而设计。

M60左轮手枪结构设计以及表面处理都做得相当完美，其结合处的表面，如枪管与枪身、退壳杆与侧板等处都处理得非常精细。M60的旧式生产版本只配备固定机械瞄具；现代化的生产版本通常制有可调节式照门和具有前方固定机械瞄具两种。虽然因短枪管而令瞄准基线缩短，导致有效射程减少，但却是今天执法人员和平民首选的隐蔽携带武器之一。该枪照门为方形缺口式，可调整高低和风偏，准星为斜坡式，且斜坡上有一个内凹的红点。由于在瞄准射击时，过于光滑的枪管表面会产生反光，所有枪管上端面设计有锯齿状条纹。

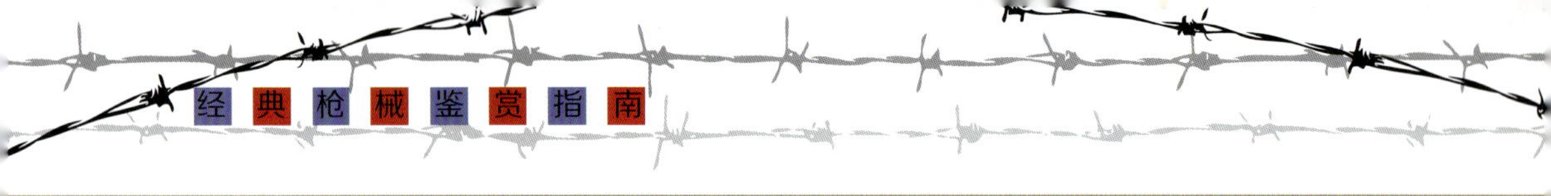

德国鲁格 P08 手枪

英文名称：Luger P08

研制国家：德国

类型：半自动手枪

制造厂商：德国武器及弹药兵工厂

枪机种类：枪管短行程后坐作用

服役时间：1900～1972年

主要用户：德国、瑞士等

基本参数	
口径	9毫米
全长	222毫米
枪管长	102毫米
空枪重量	850克
有效射程	50米
枪口初速	351米/秒
弹容量	8发、弹鼓32发

P08是两次世界大战里最具有代表性的手枪之一，它和瓦尔特系列手枪都是德军的重要武器。该枪由乔治·鲁格在1899年根据博尔夏特手枪改进而来，1900年就被瑞士采用为制式手枪，是世界上第一把制式军用半自动手枪。

P08最大的特色是它的肘节式闭锁机，参考了马克沁重机枪及温彻斯特贡杆式步枪的作业原理。肘节式的原理，类似人类的手肘，伸直时，可以抵抗很强的力量，一旦弯曲，很容易继续收缩。鲁格P08停产以后，军队也不再装备，现在只有警察中还有人使用，由于该枪的知名度颇高，至今仍是世界著名手枪之一。

德国瓦尔特 PP/PPK 手枪

英文名称：Walther PP/PPK
研制国家：德国
类型：半自动手枪
制造厂商：瓦尔特公司
枪机种类：单动/双动
服役时间：1929年至今
主要用户：美国、德国、英国等

Firearms ★★☆

基本参数	
口径	9毫米
全长	170毫米
枪管长	98毫米
空枪重量	665克
有效射程	30米
枪口初速	256米/秒
弹容量	8发

一战之后，瓦尔特公司先后推出了PP手枪、PPK手枪和 P38手枪，这三种手枪在二战中被德军广泛使用，成为当时最著名的手枪，瓦尔特公司名噪一时。瓦尔特PP是由德国瓦尔特公司制造的后坐作用操作半自动手枪。瓦尔特PPK是瓦尔特PP的派生型，尺寸略小。

瓦尔特PP/PPK采用自由枪机式工作原理，枪管固定，结构简单，动作可靠；采用外露式击锤，配有机械瞄准具；套筒左右都有保险机柄，套筒座两侧加有塑料制握把护板；弹匣下部有一塑料延伸体，能让射手握得更牢固；两者都使用7.65毫米柯尔特自动手枪弹。

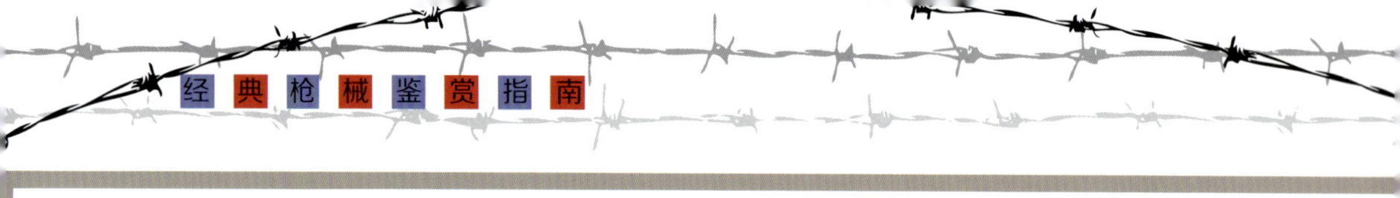

德国瓦尔特 PPQ 手枪

英文名称：Walther PPQ
研制国家：德国
类型：半自动手枪
制造厂商：瓦尔特公司
枪机种类：自由枪机
服役时间：2011年至今
主要用户：德国执法部门等

Firearms

基本参数	
口径	9毫米
全长	180毫米
枪管长	102毫米
空枪重量	615克
有效射程	50米
枪口初速	408米/秒
弹容量	10发、15发、17发

瓦尔特PPQ手枪是由瓦尔特公司为民间射击、安全部队和执法机关而设计的，它是一款枪管短行程后坐闭膛式半自动手枪，使用的闭锁系统是从勃朗宁大威力手枪改进凸轮闭锁系统。底把由玻璃钢增强聚合物材料制造，套筒和其他部件为钢制，所有金属表面都经过镍铁表面处理。

该手枪装有一根使用传统型阳膛和阴膛枪管，子弹通过这种枪管时非常稳定，不会“东倒西歪”。枪管下方的复进簧导杆尾部加装了一个蓝色聚合物帽，这既能减少枪管与复进簧导杆尾部接触位置的摩擦损耗，也能够防止使用者在维护手枪后，安装复进簧导杆时出现如倒装的装置问题。

德国瓦尔特 P5 手枪

英文名称：Walther P5

研制国家：德国

类型：半自动手枪

制造厂商：瓦尔特公司

枪机种类：自由枪机

服役时间：1979年至今

主要用户：德国、葡萄牙、荷兰等

基本参数	
口径	9毫米
全长	180毫米
枪管长	90毫米
空枪重量	795克
有效射程	50米
枪口初速	350米/秒
弹容量	8发

P5手枪是瓦尔特公司1979年为联邦德国军队、警察研制的安全型手枪，沿用P38/P1的内部设计及闭锁系统，加强了骨架结构并加入双后坐弹簧，加长了套筒长度及改用了短枪管。为了保持准确度，在发射时枪管不会向上翘起，而是保持水平后移约5～10毫米，它采用单/双动扳机，击锤释放钮在机匣左面。

P5手枪最独特的地方是退壳口与其他手枪相反，设于套筒左面。P5的外形尺寸和形状非常适合手小的人使用，枪身侧面有拇指容易摸到的弹匣卡笋。套筒座用合金制成，外部抛光处理。击锤外形改成圆形，防止使用时挂扯衣服。

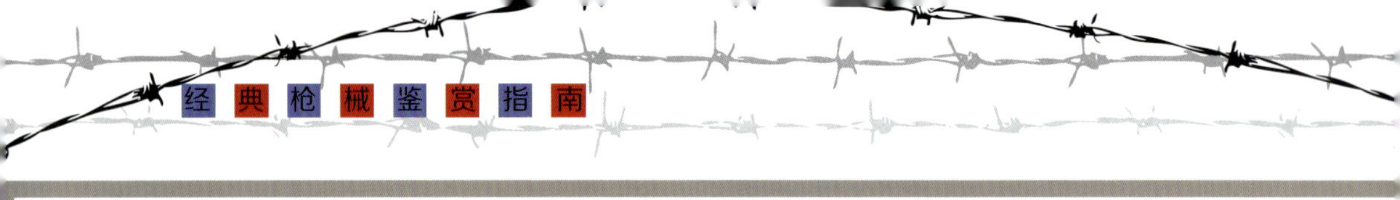

德国瓦尔特 P88 手枪

英文名称：Walther P88
研制国家：德国
类型：半自动手枪
制造厂商：瓦尔特公司
枪机种类：自由枪机
服役时间：1988～1996年
主要用户：德国

基本参数	
口径	9毫米
全长	187毫米
枪管长	102毫米
空枪重量	568克
有效射程	60米
枪口初速	300米/秒
弹容量	15发

瓦尔特P88手枪是一款全新设计的手枪，它舍弃了瓦尔特公司运用了长达50年的独特闭锁原理，换用勃朗宁的闭锁系统，这个经历了100年的闭锁系统仍然是设计主流。

P88的自动方式为枪管短后坐式，闭锁方式为枪管摆动式，其主要特点是两侧均有解脱杆，挂机柄和弹匣卡笋。保险机构为击针保险式，击针通常与击锤打击面不对正，即使击锤偶然向前回转，也打不到击针，只有扣动扳机时，击针后端才抬起，对准击锤打击面。P88手枪也采用与勃朗宁HP手枪相同的大型复进簧，这能有效降低射击所产生的后坐力。

德国瓦尔特 P99 手枪

英文名称：Walther P99

研制国家：德国

类型：半自动手枪

制造厂商：瓦尔特公司

枪机种类：自由枪机

服役时间：1997年至今

主要用户：德国、英国、加拿大等

Firearms

基本参数	
口径	9毫米
全长	180毫米
枪管长	102毫米
空枪重量	710克
有效射程	50米
枪口初速	300~350米/秒
弹容量	10发、16发

P99是由P88改进而来的现代化警用及民用手枪，1994年开始设计，1997年正式推出，成为一些军队及警队的新一代制式装备，包括德国警队（部分）、波兰警队、英国军队和加拿大蒙特利尔警队等。P99还是瓦尔特公司第一支采用没有击锤的击针式击发机构的手枪，蕴含了公司设计人员的许多创新性思维及先进技术，是瓦尔特公司产品的里程碑。

由于采用了拉簧式发射机构，P99的发射机构比压簧式发射机构简单，使其在手枪界享有“安全手枪”的美誉。这种发射机构使手枪发射第1发枪弹时，扳机行程加大到14毫米，这样走火概率非常小。另外，还有一种7毫米的扳机短行程是为快动型P99手枪而设计的，以满足各种快速反应部队的需要。

德国HK P7系列手枪

英文名称：Heckler & Koch P7
研制国家：德国
类型：半自动手枪
制造厂商：HK公司
枪机种类：气体延迟缓冲
服役时间：1979～2008年
主要用户：德国、美国、法国等

基本参数	
口径	9毫米
全长	171毫米
枪管长	105毫米
空枪重量	785克
有效射程	50米
枪口初速	351米/秒
弹容量	8发

P7系列是HK公司根据警方需求设计的无击锤手枪，现已成为德国警察和军队的制式武器，并为美国等军警部队使用。

P7系列手枪采用击针平移式双动扳机机构，它的握把前部兼作保险压杆，手握握把，保险杆压下，保险解脱并使得击锤待击；手松握把，手枪恢复到保险状态。P7系列手枪有P7M8、P7M13、P7K3等多种型号，与其他型号不同，P7K3采用自由枪机式工作原理，无气体延迟后坐机构，发射9毫米柯尔特自动手枪弹，并可利用转换装置发射0.22LR枪弹或7.65毫米柯尔特自动手枪弹。

德国HK P9系列手枪

英文名称：Heckler & Koch P9

研制国家：德国

类型：半自动手枪

制造厂商：HK公司

枪机种类：滚轮延迟反冲式

服役时间：1969～1978年

主要用户：德国警察部门、美国海军等

Firearms ★★☆

基本参数	
口径	9毫米
全长	192毫米
枪管长	102毫米
空枪重量	880克
有效射程	50米
枪口初速	350米/秒
弹容量	9发

HK P9手枪是HK公司于1965年设计的新型自动装填手枪，现已成为德国警察和军队的制式武器，并为美国等军警部队使用。

P9式为单动击发，采用半自由枪机原理，套筒和枪管通过枪机联接，枪机前部有两个滚柱，当枪机推弹进膛后，枪机后半部分继续向前，将滚柱挤入枪管后套上的闭锁凹槽使枪管与套筒闭锁；采用内置式击锤，枪管采用多边形膛线，套筒后端有弹膛存弹指示杆，膛内有弹时拉壳钩也翘起表示膛内有弹。此外，P9式的下枪身从前端到扳机护弓、握把前端的位置是采用高分子聚合物，是历史上首支在握把片以外的枪身结构上采用塑胶材料的手枪。

德国 HK USP 手枪

英文名称：
Universal Self-loading Pistol
研制国家：德国
类型：半自动手枪
制造厂商：HK公司
枪机种类：自由枪机、单/双动
服役时间：1993年至今
主要用户：美国

基本参数	
口径	9毫米
全长	194毫米
枪管长	105毫米
空枪重量	748克
有效射程	50米
枪口初速	285米/秒
弹容量	12发、13发、15发

USP是HK公司第一支专门为美国市场设计的手枪，主要针对美国民间、执法机构和军事部门的用户。

USP在传统结构的基础上，融进了多项革新，采用经改进的勃朗宁手枪的机构作为基本结构。USP全枪由枪管、套筒、套筒座、复进簧组件和弹匣5个部分组成，共有53个零部件。USP的滑套是以整块高碳钢用工作母机加工而成，表面经过高温并加氮气处理，这种二次硬化处理能加强活动组件的耐磨性。滑套表面并经特殊防锈蚀处理，其防锈层深入金属表层，使滑套的防锈性更强。枪管则是由铬钢经冷锻制成，其枪管材质与炮管是同等级的。

德国 HK Mk 23 Mod 0 手枪

英文名称：
Heckler & Koch Mk 23 Mod 0
研制国家：德国
类型：半自动手枪
制造厂商：HK公司
枪机种类：自由枪机、双动
服役时间：1996 ~ 2010年
主要用户：德国、美国、加拿大等

基本参数	
口径	11.43毫米
全长	421毫米
枪管长	149毫米
空枪重量	1210克
有效射程	20~50米
枪口初速	260米/秒
弹容量	12发

HK Mk 23是HK公司根据美国特种作战司令部的要求而研制的进攻型手枪，称为USSOCOM手枪，正式名称为“Mark 23 Mod 0”。军用版本定型后，HK公司推出了Mk 23的民用及执法机关使用型版本，命名为“Mk 23”。Mk 23取消了Mk 23 Mod 0的枪管前端螺纹，套筒字样也由“Mk23 USSOCOM”改为“Mk 23”。2010年7月28日，HK公司停止了Mk 23的生产。

Mk 23从套筒前方露出一段带螺纹的枪管，便于安装消声器。它的手动保险杆和待击解脱杆分离为两个独立部件，Mk 23的扳机护圈前方有一个螺纹孔可用于固定激光指示器。

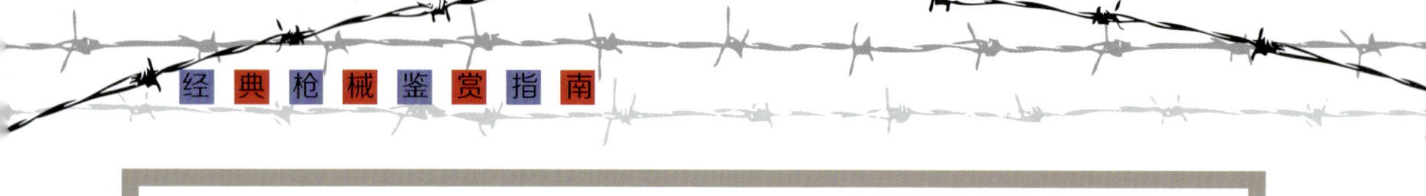

▲ 装上消声器的Mk 23

▼ Mk 23及部分组件

德国 HK P2000 手枪

英文名称：Heckler & Koch P2000

研制国家：德国

类型：半自动手枪

制造厂商：HK公司

枪机种类：自由枪机

服役时间：2001年至今

主要用户：德国、美国、加拿大等

基本参数	
口径	9毫米
全长	173毫米
枪管长	93毫米
空枪重量	620克
有效射程	50米
枪口初速	355米/秒
弹容量	10发、12发

P2000是HK公司于2001年研制的半自动手枪，是以紧凑型USP手枪的各种技术作为基础而设计的。主要用于执法机关、准军事和民用市场。目前，P2000正被德国联邦警察、联邦特工和美国海关及边境保卫局（CBP）的成员所使用。

P2000枪管是由钢材经过冷锻和镀铬工艺制造而来，具有多边形的轮廓。套筒材料是由硝酸渗碳所制成的钢材，十分坚硬。遵循现代手枪的设计趋势，P2000也大量地采用耐高温、耐磨损的聚合物及钢材混合材料以减轻全枪重量和生产成本。

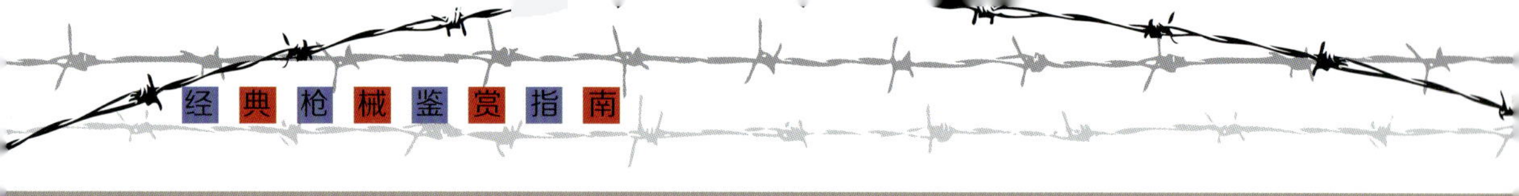

德国HK P30手枪

英文名称：Heckler & Koch P30

研制国家：德国

类型：半自动手枪

制造厂商：HK公司

枪机种类：自由枪机

服役时间：2006年至今

主要用户：德国、比利时、瑞士等

基本参数	
口径	9毫米
全长	181毫米
枪管长	98毫米
空枪重量	740克
有效射程	50米
枪口初速	360米/秒
弹容量	15发

P30手枪是P2000的进一步改进，目的是提供一种更好的警用手枪和自卫手枪。在2005年公开的早期型P30原型又被称为P3000。

P30与P2000手枪在技术上差不多，同样是勃朗宁式闭锁原理，高强度塑料底把，扳机组是一个独立部件，由不同的扳机组形成不同的型号。但P30比起P2000在人机工效上有更大的提高，而且它不仅能像P2000手枪一样更换握把背板，还可更换握把侧板。另外在前方整合的皮卡汀尼附件导轨，而非P2000上沿用的USP的附件导轨。

德国 HK HK45 手枪

英文名称：Heckler & Koch HK45

研制国家：德国

类型：半自动手枪

制造厂商：HK公司

枪机种类：自由枪机

服役时间：2006年至今

主要用户：美国、澳大利亚等

基本参数	
口径	11.43毫米
全长	191毫米
枪管长	115毫米
空枪重量	785克
有效射程	40~80米
枪口初速	260米/秒
弹容量	10发

HK45是HK公司于2006年设计和2007年生产的半自动手枪，是HK USP技术的又一次发展， HK公司内同一类型的武器都采用了相同的操作模式和规则。HK 45也是第一种在HK公司位于新罕布什尔州纽因顿镇的新工厂所生产的新武器。

为了适应更小、更符合人体工学的手枪握把，HK 45使用的是容量10发的专用可拆式双排弹匣而不是USP45的12发弹匣。HK 45的套筒两边的前后两端都有锯齿状防滑纹，扳机护圈前方的防尘盖整合了一条战术导轨以安装各种战术灯和激光指示器等战术配件以及一个安装于多边形枪管的枪口前端，能够使套筒和枪管于开锁和闭锁的循环之中更一致地运作和提高射击精度。

▲ 装上延长螺纹枪管的HK45CT及其枪盒

▼ HK45及弹匣

德国毛瑟 C96 手枪

英文名称：Mauser C96
研制国家：德国
类型：半/全自动手枪
制造厂商：毛瑟兵工厂
枪机种类：
枪管短行程后坐作用、单动
服役时间：1899～1961年
主要用户：德国、芬兰等

基本参数	
口径	7.63毫米
全长	288毫米
枪管长	140毫米
空枪重量	1130克
有效射程	100米
枪口初速	425米/秒
弹容量	10发

C96是毛瑟兵工厂在1896年推出的全自动手枪，由该厂的菲德勒三兄弟利用工作空闲时间设计而来。1895年12月11日，兵工厂的老板为该枪申请了专利，次年正式生产，到1939年停产，前后一共生产了约100万把毛瑟C96，其他国家也仿制了数百万把。

C96采用短后坐力式作用原理。闭锁榫套在滑套下方，前方卡入闭锁机组，上方嵌入枪机下的两个凹槽。在击发时，后坐力使得枪管兼滑套及枪机向后运动，此时枪膛仍然是在闭锁状态。由于闭锁榫前方是钩在主弹簧上，因此有一小段自由行程。由于闭锁机组上方的凹槽，迫使得闭锁榫向后运动时，只能顺时针向下倾斜，因此脱出了枪机凹槽。此时枪管兼滑套因为闭锁榫仍套在其下，后退停止。枪机则因为闭锁榫脱出，得以自由行动，继续进行扣下击铁、抛壳的动作，最后因力量用尽，复进簧将枪机推回、上弹，回复到待击状态。

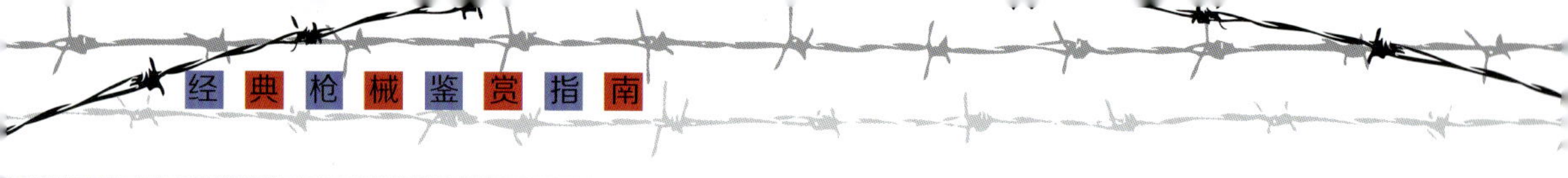

瑞士 SIG Sauer P210 手枪

英文名称：SIG Sauer P210
研制国家：瑞士
类型：半自动手枪
制造厂商：SIG公司
枪机种类：自由枪机
服役时间：1949年至今
主要用户：瑞士、德国、丹麦等

基本参数	
口径	9毫米
全长	215毫米
枪管长	120毫米
全枪重量	900克
有效射程	50米
枪口初速	335米/秒
弹容量	8发

P210手枪是瑞士工程师Charles Peter于20世纪40年代为瑞士军队所设计，由瑞士著名厂商SIG公司生产的单动手枪。其后直至1975年都作为瑞士陆军的制式手枪，丹麦皇家陆军及德国联邦警察亦曾采用。

P210手枪的独特之处是它的主要钢制部件由人手工车削，其套筒及骨架配套制成，采用高质量的120毫米枪管，加上严格的品质监控，因此，P210的可靠性、准确度、耐用性都比一般手枪为高，在50米射靶时可打出在5～10发保持5厘米内的成绩。P210的枪架、套筒和枪管都是配套制造，各打上相同的号码。这虽然给手枪的批量生产带来了困难，但是作为主要提供给射击爱好者和收藏家的手枪，这却是一种难得的特色。

瑞士 SIG Sauer P220 手枪

英文名称：SIG Sauer P220
研制国家：瑞士
类型：半自动手枪
制造厂商：SIG公司
枪机种类：自由枪机、单/双动
服役时间：1975年至今
主要用户：德国、美国、英国等

基本参数	
口径	9毫米
全长	198毫米
枪管长	112毫米
空枪重量	750克
有效射程	50米
枪口初速	345米/秒
弹容量	9发

P220手枪是瑞士工业公司为替代P210而研制的一种质优价廉的军用手枪，于1975年正式装备瑞士部队，编号为M1975，随后日本、丹麦和法国也有装备。

P220手枪采用铝合金底把，冲压套筒，冷锻枪管。枪机利用延迟后坐方式闭锁。在简单工具的帮助下，P220可以通过更换枪管和套筒来射击不同口径的子弹，这也是P220手枪最大的特点。因为该枪稳定可靠，因此设计师没有采用待击解脱柄以外的保险装置，这么做也可以保障在战场上不会延误战机。

瑞士SIG Sauer P225手枪

英文名称：SIG Sauer P225

研制国家：瑞士

类型：半自动手枪

制造厂商：SIG公司

枪机种类：单动

服役时间：1976年至今

主要用户：瑞士、德国等

基本参数	
口径	9毫米
全长	180毫米
枪管长	98毫米
空枪重量	740克
有效射程	50米
枪口初速	340米/秒
弹容量	9发

SIG P225手枪是在P220手枪基础上改进而成的，体积和质量都要比P220手枪小，为瑞士和德国警察部队所装备。

P225手枪的自动方式、闭锁方式、击针锁定结构、待击解脱杆、挂机柄等都同P220手枪基本相似。后加的保险装置可保证手枪在待击状态偶然跌落时也不会意外击发。该保险机构保证只有在扣动扳机时才能实施射击。由于没有手动保险机柄，所以手枪进入射击状态非常迅速。该枪的握把形状和枪重心位置设计得很好，很利于射击控制。

瑞士 SIG Sauer P226 手枪

英文名称：SIG Sauer P226

研制国家：瑞士

类型：半自动手枪

制造厂商：SIG公司

枪机种类：自由枪机

服役时间：1984年至今

主要用户：瑞士、美国、英国等

基本参数	
口径	9毫米
全长	196毫米
枪管长	112毫米
空枪重量	865克
有效射程	50米
枪口初速	350米/秒
弹容量	15发

P226是一种单动/双动击发的半自动手枪，至2004年，P226系列中各种型号总共生产了近60万把。P226的第一个原型在1980年生产，早期的原型实际上只是相当于把P220手枪改为双排弹匣供弹，与之前的P220相比，P226主要在于增大了弹匣容量，标准的P226弹匣容量为15发弹。

P226的射击精度很高，除了扳机扣力外，还有一个原因是闭锁块的设计——P226的开锁引导面比P220上的稍长，这使得P226开锁时枪管偏移的时间会比P220稍迟一点，因此P226的射击精度更高。

瑞士SIG Sauer P228手枪

英文名称：SIG Sauer P228
研制国家：瑞士
类型：半自动手枪
制造厂商：SIG公司
枪机种类：自由枪机
服役时间：1988年至今
主要用户：德国、法国、英国等

基本参数	
口径	9毫米
全长	180毫米
枪管长	98毫米
空枪重量	830克
有效射程	50米
枪口初速	340米/秒
弹容量	10发、13发、15发

P228是P226的紧凑型，其尺寸比P226较小一些。

P228的人体工程学非常好。握把形状的设计无论对手掌大小的射手来说都很舒服，而且指向性极好。双动板机也很舒适，即使是手掌较小的射手也很能舒适地操作，而单动射击时感觉更佳。另外又把原P226握把侧片上的方格防滑纹改为不规则的凸粒防滑纹，使P228的握把手感非常舒适。所以后来生产的P226也改用了类似P228的握把设计。

瑞士 SIG Sauer P229 手枪

英文名称：SIG Sauer P229	
研制国家：瑞士	
类型：半自动手枪	
制造厂商：SIG公司	
枪机种类：自由枪机	
服役时间：1992年至今	
主要用户：英国、美国等	

Firearms

基本参数	
口径	9毫米
全长	180毫米
枪管长	98毫米
空枪重量	905克
有效射程	50米
枪口初速	309米/秒
弹容量	12发

P229是一款大口径手枪，经过多次改进之后，现在是一款性能非常可靠的手枪。P229与P228外形上非常接近，枪管略有不同，P229的弹夹容量也比P228少一发（12发），P229弹匣的底部比P228略宽，所以两种弹匣不可互换。

P229因继承P228制作工艺，筒套采用冲压加工，在.40大口径弹药的作用下，此种工艺成型的钢无法承受膛内压力，因而发生破裂。机削加工，可以解决此问题。 因为美国拥有较好的机削加工技术，且大口径手枪在美国拥有大量市场，继而销往美洲的P229筒套后都由美国生产。所以市场上大多数P229筒套用美国不锈钢，枪架用德国铝合金。

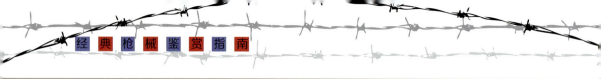

瑞士SIG Sauer P230手枪

英文名称：SIG Sauer P230
研制国家：瑞士
类型：半自动手枪
制造厂商：SIG公司
枪机种类：反冲作用
服役时间：1977～1996年
主要用户：瑞士、德国、美国等

Firearms

基本参数	
口径	9毫米
全长	168毫米
枪管长	92毫米
空枪重量	460克
有效射程	50米
枪口初速	275米/秒
弹容量	7发

P230手枪是SIG公司于1977年发布的中型手枪，该手枪主要供将校级军官及便衣刑警使用。P230是SIG公司首次生产的中型、中口径半自动手枪。虽然P230是一款小型枪，但撞针保险、击槌释放钮、双动扳机一应俱全，所以是一款高安全性的手枪，因它无外部保险钮而使全枪外部极平滑，再配以单排弹匣，它的宽度仅有31毫米，故适合隐藏携带，美国不少联邦探员除随身佩有制式手枪外还会选择P230作为自卫手枪。

P230手枪在设计时的重点主要是以提供便衣人员使用为目标，因此为了缩小枪支的体积，只有采用单排式弹匣的设计。此外，在枪支的外观设计上，也尽量做到避免有零件突起的情况发生。

瑞士 SIG Sauer P239 手枪

英文名称：SIG Sauer P239

研制国家：瑞士

类型：半自动手枪

制造厂商：SIG公司

枪机种类：自由枪机

服役时间：1996年至今

主要用户：德国、美国、瑞士等

基本参数	
口径	9毫米
全长	168毫米
枪管长	91毫米
空枪重量	714克
有效射程	50米
枪口初速	245米/秒
弹容量	8发

P239是P229的进一步小型化，按SIG公司自己的称呼叫做“个人尺寸手枪”（personal-sized pistol），实际上就是一种接近袖珍手枪尺寸的小型手枪。P239结构简单可靠，虽然其尺寸比大多数袖珍手枪要稍大一点，但它的威力和火力都比大多数袖珍手枪强大，很适合执法机构的便衣人员或其他需要隐蔽携枪的保卫人员使用。

P239可使用纯双动、或双动/单动的击发模式工作。和所有SIG的半自动手枪产品一样，P239具有一个待击解除杆，该特点使得在双动/单动机构已将子弹入膛的情况下，也可完全安全地携带。这意味首发子弹只能是在扳机被实际扣下、且是一标准长度的双动的扣扳机动作时才能被发射，后续的子弹可在单动模式下被击发，即手枪可利用反冲自动回到待击状态。

瑞士 SIG Sauer P320 手枪

英文名称：SIG Sauer P320

研制国家：瑞士

类型：半自动手枪

制造厂商：SIG公司

枪机种类：枪管短行程后坐作用、双动

服役时间：2014年至今

主要用户：瑞士、美国、加拿大、丹麦等

基本参数	
口径	9毫米、10毫米、11.43毫米
全长	203毫米
枪管长	120毫米
空枪重量	833克
有效射程	25米
枪口初速	365米/秒
弹容量	10发、14发、17发、21发、32发

SIG Sauer P320是一款半自动手枪，其运作机制基于短行程后坐力和闭锁式枪机。该枪能够兼容多种口径的弹药，涵盖9×19毫米帕拉贝鲁姆、.357 SIG（9×22毫米）、.40 S&W（10×22毫米）以及.45 ACP（11.43×23毫米）。2017年1月，SIG Sauer P320在美国陆军XM17模组化手枪系统项目竞标中脱颖而出。其经过特殊改进的版本将被命名为M17（全尺寸型号）和M18（紧凑型），并计划在未来逐步替代现役的M9手枪。

SIG Sauer P320的一大亮点在于其模块化构造，这使得射手能够根据个人手型和任务需求，便捷地更换枪管、套筒、握把以及弹匣。该枪摒弃了传统的回转式击锤，转而采用平移式击针，从而显著提升了击发过程的安全性和可靠性。此外，SIG Sauer P320并未配备手动保险装置，而是采用了自动击针保险机制，有效降低了意外走火的可能性。

比利时 FN 57 手枪

英文名称：FN Five-seven

研制国家：比利时

类型：半自动手枪

制造厂商：FN公司

枪机种类：后吹式延迟闭锁枪机

服役时间：2000年至今

主要用户：比利时、美国、英国等

基本参数	
口径	5.7毫米
全长	208毫米
枪管长	122毫米
空枪重量	744克
有效射程	50米
枪口初速	716米/秒
弹容量	10发、20发、30发

FN 57手枪是比利时FN公司为了推广SS190弹而研制的半自动手枪，主要用于特种部队和执法部门。

FN 57手枪是一种半自动手枪，采用枪机延迟式后坐，非刚性闭锁，回转式击锤击发等设计。该枪首次在手枪套筒上成功采用钢-塑料复合结构，支架用钢板冲压成形，击针室用机械加工，用固定销固定在支架上，外面覆上高强度工程塑料，表面再经过磷化处理。

▲ FN 57手枪特写

▼ 装上电筒的FN 57手枪

比利时 FN M1900 手枪

英文名称：FN M1900

研制国家：比利时

类型：半自动手枪

制造厂商：FN公司

枪机种类：单动

服役时间：1900～1980年

主要用户：比利时、法国、芬兰等

基本参数	
口径	7.65毫米
全长	165毫米
枪管长	102毫米
空枪重量	625克
有效射程	30米
枪口初速	290米/秒
弹容量	8发

FN M1900手枪是在比利时FN公司生产的第一支由勃朗宁设计的自动手枪。FN M1900的问世，宣告了非自动手枪时代的终结，同时也宣告了现代自动手枪时代的兴起。FN M1900最大特点是外形扁薄平整，坚实紧凑，简洁明快，大小适中。在结构性能方面，FN M1900结构简单，动作可靠，保险确实，特别是在战斗使用方便与安全可靠性方面的考虑甚为周到。

FN M1900采用自由枪机式自动方式，依靠发射时弹壳的后坐能量完成开锁、抛壳等动作。FN M1900在结构布局上采用了复进簧上置而枪管下置的布局，这种布局的最大优点是使枪管轴线最大限度地降低到几乎与射手的持枪手的虎口同高，射击时，后坐冲量几乎均匀地作用在持枪手的虎口上。该手枪的枪机质量相对较大，质心在虎口正上方，与套筒的共同作用基本抵消了射击时的枪口上跳，使手枪的准确性和指向性进一步加大。

比利时FN M1903手枪

英文名称：FN M1903

研制国家：比利时

类型：半自动手枪

制造厂商：FN公司、柯尔特公司

枪机种类：单动

服役时间：1903～1939年

主要用户：比利时、瑞典、英国等

基本参数	
口径	7.65/9毫米
全长	205毫米
枪管长	127毫米
空枪重量	930克
有效射程	30米
枪口初速	318米/秒
弹容量	7发、8发

1903年，勃朗宁推出勃朗宁M1903手枪，由比利时FN公司及美国的柯尔特公司正式生产。由于FN M1903的高可靠性、高准确度、重量轻及装填迅速等特点，在推出后便成为当时世界上应用最广泛的半自动手枪。

FN M1903以FN M1900改良而成，采用反冲原理、单动扳机，复进弹簧在枪管底部，手动保险制位于机匣左面，打开保险时会强制锁死滑架，军用版本的握把底部更附有枪带环。M1903在使用安全可靠性方面，除设置手动保险、不到位保险外，还增加了握把保险和无弹匣保险。其中手动保险动作基本与M1900一样，拨向上为保险位置，限制套筒不能移动，同时不使阻铁与击锤分离。

比利时 FN M1906 手枪

英文名称：FN M1906

研制国家：比利时

类型：自动手枪

制造厂商：FN公司

枪机种类：自由枪机

服役时间：1906～1990年

主要用户：比利时

基本参数	
口径	6.35毫米
全长	114毫米
枪管长	53.5毫米
空枪重量	350克
有效射程	30米
枪口初速	500米/秒
弹容量	6发

M1906袖珍手枪是由世界著名枪械大师勃朗宁于1904年开发的一款袖珍型（Pocket Model）自动手枪，也是世界上第一支袖珍型自动手枪。于1906年正式投产，该枪设计简单可靠，其成功设计使之成为后来大多数袖珍自动手枪的“典范”和“模板”。

M1906采用自由枪机式自动方式，惯性闭锁机构，结构简单，只有33个零件，可迅速不完全分解为套筒、枪管、复进簧及其导杆、击针和击针簧组件、套筒座、弹匣、连接销等7个部分。M1906延续并改进了在M1903上应用的一种新型结构，即在枪管下方设计了3个肋状闭锁凸笋，从而有效地与套筒座相扣合，使得分解非常容易。

比利时 FN M1935 手枪

英文名称：Browning Hi-Power

研制国家：比利时

类型：半自动手枪

制造厂商：FN公司

枪机种类：自由枪机、单动

服役时间：1935年至今

主要用户：比利时、荷兰、美国等

基本参数	
口径	9毫米
全长	197毫米
枪管长	118毫米
空枪重量	900克
有效射程	50米
枪口初速	335米/秒
弹容量	13发

FN M1935手枪发射当时欧洲威力最强的9×19毫米弹药，并配备13发大容量弹匣，因此被广泛称为“勃朗宁大威力手枪”。该枪是世界上最著名的手枪之一，由于最初在1935年推出，因此也被称为“勃朗宁HP35”或M1935手枪。该枪曾被多个国家的军警所装备，也受到许多枪械收藏家的喜爱。

M1935是一支纯粹的常规单动型军用自动手枪，采用枪管短后坐式工作原理，枪管偏移式闭锁机构，回转式击锤击发方式，带有空仓挂机和手动保险机构。全枪结构简单、坚固耐用。M1935采用与M1911相同的轴式抽壳钩，它与击针一起被击针限制板限制并固定在套筒上。阻铁杠杆轴的形状比较复杂，由带有一粗一细两个突轴的腰形板组成，细轴用于与阻铁杠杆配合，使后者能够可靠地旋转；粗轴上带有一个缺口，刚好卡在抽壳钩上并被抽壳钩限制住，使得阻铁杠杆轴不会从套筒上脱落。

▲ 勃朗宁“大威力”手枪.40 S&W口径型

▼ 加拿大士兵检查一把“大威力”手枪

俄国/苏联/俄罗斯纳甘M1895手枪

英文名称：Nagant M1895
研制国家：苏联
类型：左轮手枪
制造厂商：图拉兵工厂、伊热夫斯克兵工厂
枪机种类：单动/双动
服役时间：1895～1945年
主要用户：俄国、苏联、俄罗斯

Firearms ★★★

基本参数	
口径	7.62毫米
全长	235毫米
枪管长	114毫米
空枪重量	800克
有效射程	22米
枪口初速	272米/秒
弹容量	7发

纳甘M1895是由比利时工业家莱昂·纳甘为俄国所研发的7发双动式左轮手枪，曾在欧洲受到多国的重视，比利时、瑞典、挪威等国都曾先后大量采购或生产该枪。

纳甘M1895手枪参加的战争非常多，即便在拥有更加先进的现代化手枪的二战时，依然有部分军人装备该手枪，而且苏联的一些侦察士兵使用了加装消音器的M1895，该枪也在越南战争中被越南游击队用来执行暗杀任务。至今，纳甘M1895仍然被俄罗斯铁路警察、联邦法警局和一些私人保安部队所使用。

苏联/俄罗斯马卡洛夫PM手枪

英文名称：Makarov Pistol

研制国家：苏联

类型：半自动手枪

制造厂商：伊热夫斯克兵工厂

枪机种类：单动/双动

服役时间：1951年至今

主要用户：苏联、俄罗斯

基本参数	
口径	9毫米
全长	161毫米
枪管长	93.5毫米
空枪重量	730克
有效射程	50米
枪口初速	315米/秒
弹容量	8发

马卡洛夫PM手枪是由尼古拉·马卡洛夫设计，20世纪50年代初成为苏联军队的制式手枪，1991年开始逐渐退出现役，但目前仍在俄罗斯和其他许多国家的军队及执法部门中被大量使用。

马卡洛夫PM手枪为一种使用固定枪体连枪管和直接反冲作用运作的中型手枪。在反冲作用设计当中，唯一会使滑套闭锁的就只有复进簧。而在射击过程中，其枪管和滑套并不需闭锁。反冲作用为一种简单的作动方式，它亦比起许多使用后坐式、倾斜式和铰接式枪管设计的手枪有着更高的精确度，然而由于滑套重量较高，所以亦有所限制。

苏联／俄罗斯 APS 斯捷奇金手枪

英文名称：
Avtomaticheskiy Pistolet Stechkina
研制国家：苏联
类型：全自动手枪
制造厂商：图拉兵工厂
枪机种类：反冲作用、单动/双动
服役时间：1951～1975年
主要用户：苏联、俄罗斯、德国等

Firearms

基本参数	
口径	9毫米
全长	225毫米
枪管长	140毫米
空枪重量	1220克
有效射程	50米
枪口初速	340米/秒
弹容量	20发

APS斯捷奇金手枪是一款由苏联枪械设计师伊戈尔·雅科夫列维奇·斯捷奇金研制的全自动手枪。

APS手枪是一种使用简单的反冲作用机制运作的枪械，它是一支全自动手枪，用户可透过滑套上的选择杆来选择全自动或半自动射击，其载弹量为20发，扳板机为双动式。当使用点射或全自动射击时，用户需把一个木制枪托加装在手枪的握把后面以降低其后坐力，否则武器将会变得近乎无法控制。在2015年自俄罗斯战机被土耳其击落并导致一名飞行员遭叛军杀害后，俄罗斯空军决定为其派往叙利亚空袭达伊沙和反对派叛军的飞行员装备斯捷奇金自动手枪以作为防身武器。

苏联 / 俄罗斯 PSS 微声手枪

英文名称：PSS silent pistol
研制国家：苏联
类型：半自动手枪
制造厂商：中央精密机械工程研究院
枪机种类：反冲作用、双动
服役时间：1983年至今
主要用户：苏联、俄罗斯、乌克兰

基本参数	
口径	7.62毫米
全长	165毫米
枪管长	35毫米
空枪重量	700克
有效射程	50米
枪口初速	331米/秒
弹容量	6发

PSS手枪是专门针对克格勃的特工和苏联陆军中的特种部队而特别研制的。该枪于1983年被正式采用，并取代了MSP手枪和S4M手枪两种过时且火力不足的特种武器。

PSS手枪采用反冲作用运作，扳机为双动式设计，发射的弹药为苏联研制的7.62 × 42毫米SP-4型无音弹，并能有效地配合其发射机制以进行无声射击，更能够有效地抑制枪口焰和烟雾从枪口里冒出。其弹匣容量为6发，有效射程为50米。PSS手枪曾经被克格勃采用过。在苏联解体后转交给俄罗斯境内的执法部门和特种部队使用。

俄罗斯 MP-443 手枪

英文名称：MP-443 Grach	
研制国家：俄罗斯	
类型：半自动手枪	
制造厂商：伊热夫斯克兵工厂	
枪机种类：自由枪机	
服役时间：2003年至今	
主要用户：俄罗斯	

基本参数	
口径	9毫米
全长	198毫米
枪管长	112.5毫米
空枪重量	950克
有效射程	50米
枪口初速	465米/秒
弹容量	10发、17发

MP-443是一把由俄罗斯联邦枪械设计师弗拉基米尔·亚雷金领导的设计团队研制、先后由枪械制造商伊热夫斯克机械工厂和与其合并的卡拉什尼科夫集团所生产的半自动手枪，亦是最新型俄罗斯军用制式手枪之一，发射多种9×19毫米鲁格弹，包括俄罗斯所研制的7N21高压子弹。

MP-443可单动发射也可双动式发射。在握把上方左右两侧成对配置手动保险杆，左右手均可操作。手动保险杆推向上方位置为保险状态，不仅锁住扳机和阻铁，也锁住击锤和套筒。枪管后端装有卡铁，该卡铁为一独立件，便于加工。复进簧导杆与空仓挂机轴装在枪管后端的下方，空仓挂机扳把设在套筒左侧。

俄罗斯 GSh-18 手枪

英文名称：GSh-18
研制国家：俄罗斯
类型：半自动手枪
制造厂商：KBP仪器设计局
枪机种类： 枪管短行程后坐作用、单动/双动
服役时间：2000年至今
主要用户：俄罗斯、叙利亚

基本参数	
口径	9毫米
全长	184毫米
枪管长	103毫米
空枪重量	470克
有效射程	50米
枪口初速	535米/秒
弹容量	18发

GSh-18手枪是俄罗斯于21世纪初期开始生产的一款半自动手枪，被选为俄罗斯军用制式手枪（备用枪械），发射9×19毫米鲁格弹。该枪名称“GSh-18”源于其设计者格里亚泽夫（Gryazev）和希普诺夫（Shipunov），数字“18”代表其弹匣容量。

GSh-18手枪的设计思路与奥地利格洛克手枪存在相似之处，但从整体功能来看，它更倾向于一种便于操作的警用手枪。在生产过程中，GSh-18大量应用了高科技制造技术，以简化生产工艺，但这也导致其生产成本显著高于MP-443手枪，主要是由于其对现代材料和先进设备的依赖。GSh-18手枪采用枪管短行程后坐原理和枪管凸轮偏转式闭锁机构，套筒和枪管均由不锈钢制成，枪管内设计有6条多边形膛线。此外，为提高操作便捷性，该枪并未设置手动保险装置。

奥地利格洛克 17 手枪

英文名称：Glock 17
研制国家：奥地利
类型：半自动手枪
制造厂商：格洛克公司
枪机种类：自由枪机
服役时间：1982年至今
主要用户：奥地利、澳大利亚、英国等

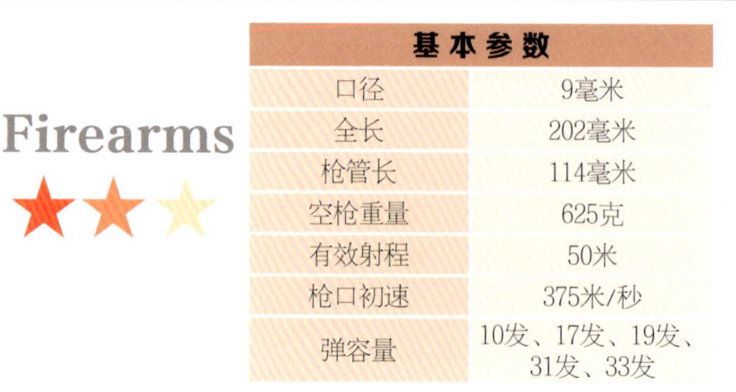

基本参数	
口径	9毫米
全长	202毫米
枪管长	114毫米
空枪重量	625克
有效射程	50米
枪口初速	375米/秒
弹容量	10发、17发、19发、31发、33发

格洛克17手枪是奥地利格洛克公司研制的一款半自动手枪。该枪于1980年开始研制，1982年正式服役，次年被奥地利陆军定为制式手枪，用来取代其装备已久的瓦尔特P38手枪。

格洛克17手枪外形简洁，其握把和枪管轴线的夹角极大，在实战中非常实用，既便于携带，又能在遭遇战中快速瞄准射击。格洛克17手枪还采用了双扳机设计，在预扣扳机5毫米行程时，被锁定的击针解锁，手枪呈待击发状态，这时候只需要再扣2.5毫米行程即可射击。而且，该手枪的扳机力度可以在19.6～39.2牛顿之间进行调整。除了能够快速投入使用之外，该设计还相当于给那些经常忘记给手枪上保险的人上了一套自动保险。

▲ 第四代格洛克17手枪

▼ 英国陆军士兵手持格洛克17手枪进行训练

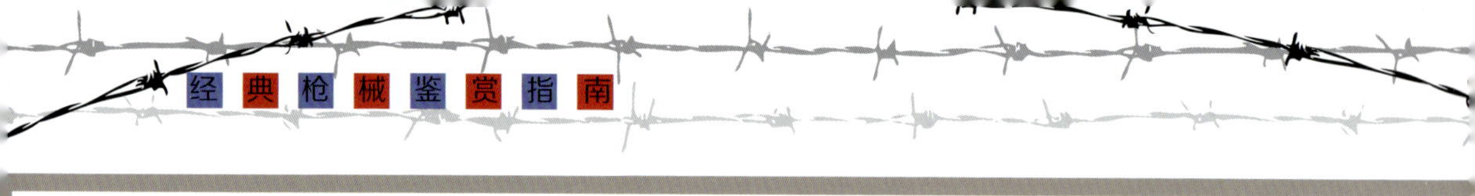

奥地利格洛克 18 手枪

英文名称：Glock 18
研制国家：奥地利
类型：全自动手枪
制造厂商：格洛克公司
枪机种类：自由枪机
服役时间：1983年至今
主要用户：奥地利、意大利、美国等

基本参数	
口径	9毫米
全长	186毫米
枪管长	114毫米
空枪重量	620克
有效射程	50米
枪口初速	360米/秒
弹容量	17发、31发、33发

格洛克18手枪是在奥地利格洛克17半自动手枪基础上改进而来的一款全自动手枪。该枪和格洛克17半自动手枪一样使用9毫米鲁格弹，但是和格洛克17相比，该枪新增了全自动模式，可以选择单发或者连发射击，在使用连发射击时，射速可以高达1200发/分，几乎可以和冲锋枪相媲美。

由于格洛克18手枪的火力极强，所以为了防止意外走火伤人，该枪采用了安全行程保险机构，通常情况下，撞针只会处于待发状态下的1/3位置，在扣动扳机时会引导撞针进入待发状态并同时击发。

奥地利格洛克20手枪

英文名称：Glock 20
研制国家：奥地利
类型：半自动手枪
制造厂商：格洛克公司
枪机种类：自由枪机
服役时间：1991年至今
主要用户：澳大利亚、美国等

基本参数	
口径	10毫米
全长	193毫米
枪管长	117毫米
空枪重量	785克
有效射程	50米
枪口初速	380米/秒
弹容量	15发

格洛克20是奥地利格洛克公司在格洛克17手枪上研发的10毫米口径型号半自动手枪，主要针对美国安全机构和军事部门而设计，于1991年开始生产。格洛克20的性能优秀，而且威力强大，有多重类型的衍生型号。

格洛克20虽然是在格洛克17的基础上发展而成，但是二者的零部件并不能完全通用，只有大约50%可以更换使用。2009年时，格洛克公司还宣布提供一种长度为152毫米的枪管作为选择。

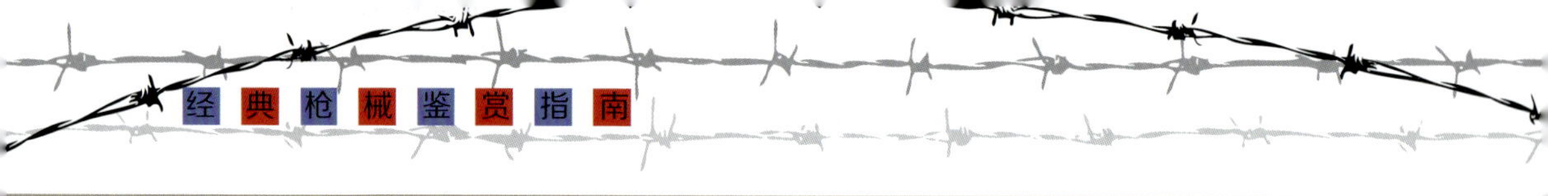

奥地利格洛克 23 手枪

英文名称：Glock 23

研制国家：奥地利

类型：半自动手枪

制造厂商：格洛克公司

枪机种类：枪管短行程后坐作用

服役时间：1990年至今

主要用户：

美国、澳大利亚、加拿大、泰国等

基本参数	
口径	10毫米
全长	189毫米
枪管长	102毫米
空枪重量	604克
有效射程	50米
枪口初速	290米/秒
弹容量	10发、13发、15发、17发

格洛克23手枪是一款小巧、轻便且高效的半自动手枪，适合隐蔽携带，并在近身作战中表现出色。该枪配备格洛克独特的安全系统，包含扳机保险、击针保险和跌落保险，确保枪械的安全性。其设计注重人体工程学和实用性，握把形状适合多种手型，表面带有防滑纹理，可确保射击时的握持稳固性。此外，格洛克23还设有配件导轨，可安装战术灯、激光瞄准器等战术配件。

格洛克23手枪的设计目标是在保持相对紧凑尺寸的前提下，提供比9毫米口径更大的停止作用，使其更适合隐蔽携带和执法使用。其套筒座采用高强度聚合物材料，套筒和枪管则由钢材制成，表面覆盖有特氟龙涂层，增强了耐腐蚀性和耐磨性。该枪的标准弹匣容量为13发，同时也兼容其他容量的弹匣，如10发、15发和17发等。

奥地利格洛克 26 手枪

- **英文名称：** Glock 26
- **研制国家：** 奥地利
- **类型：** 半自动手枪
- **制造厂商：** 格洛克公司
- **枪机种类：** 枪管短行程后坐作用
- **服役时间：** 1996年至今
- **主要用户：** 奥地利、比利时、美国、法国、德国等

基本参数	
口径	9毫米
全长	165毫米
枪管长	87毫米
空枪重量	615克
有效射程	50米
枪口初速	375米/秒
弹容量	10发、15发、17发、33发

格洛克26手枪是格洛克17手枪的袖珍版本，发射标准的9 × 19毫米帕拉贝鲁姆子弹。其设计以简洁实用为核心，便于清洁和维护，从而显著提升了可靠性和耐用性。同时，紧凑的尺寸和轻便的特性使其便于随身携带和隐蔽，为用户提供了更高的便捷性和安全性。

格洛克26手枪的握把设计相较于格洛克17手枪和格洛克19手枪更为简洁，减少了一个手指凹槽。这一改动使其更适合隐蔽携带任务，提升了隐蔽携带时的舒适度和便捷性。这种设计上的微妙调整虽看似细微，却在实际使用中发挥了重要作用。此外，格洛克26、格洛克17和格洛克19三种型号的手枪之间具有高度的零件通用性，包括可共享的弹匣。这一特性不仅为用户带来了极大的便利，还大幅降低了维护成本和复杂性，同时提高了这些手枪在实战中的灵活性和可靠性。

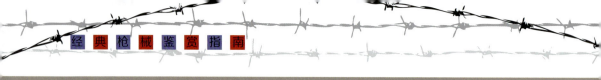

奥地利格洛克 27 手枪

英文名称：Glock 27

研制国家：奥地利

类型：半自动手枪

制造厂商：格洛克公司

枪机种类：自由枪机

服役时间：1996年至今

主要用户：澳大利亚、加拿大等

Firearms

基本参数	
口径	10毫米
全长	163毫米
枪管长	87毫米
空枪重量	560克
有效射程	50米
枪口初速	375米/秒
弹容量	9发、11发、13发、15发、17 发

格洛克27是由奥地利格洛克公司设计及生产的手枪，经历了四次修正版本，最新的版本称为第四代格洛克27。第四代会在套筒上型号位置加上“Gen4”以兹识别。

2011年开始，新推出的格洛克27为了大大提高人机工效，采用了与第四代格洛克17相同的新纹理，握把由粗糙表面改凹陷表面，而握把略为缩小，握把片亦且由过往不能更换改为可以更换（分别是中形和大形，也可以不装上握把片直接使用），以调整握把尺寸，更适合不同的手形。经改进的弹匣设计，使左右手皆可以直接按下加大化的弹匣卡榫以更换弹匣，亦可以与旧式弹匣共用，但只可以右手按下弹匣卡榫以更换弹匣。

奥地利格洛克 29 手枪

英文名称：Glock 29
研制国家：奥地利
类型：半自动手枪
制造厂商：格洛克公司
枪机种类：自由枪机
服役时间：1997年至今
主要用户：澳大利亚、加拿大等

基本参数	
口径	10毫米
全长	177毫米
全宽	32.5毫米
枪管长	96毫米
空枪重量	700克
有效射程	50发
枪口初速	375米/秒
弹容量	10发、15发

格洛克29是由奥地利格洛克公司设计及生产的手枪，是格洛克20的袖珍型口径版本，格洛克29经历了三次修改版本，最新的版本称为第四代格洛克29。

新推出的格洛克29采用了与第四代格洛克17新纹理，握把由粗糙表面改凹陷表面，而握把略为缩小，可以更换握把片（分别是中形和大形，亦可以不装上握把片直接使用），以调整握把尺寸，更适合不同的手形。格洛克29有经改进的弹匣设计，以便左右手皆可以直接按下加大化的弹匣卡笋以更换弹匣，亦可以与旧式弹匣共用，但只可以右手按下弹匣卡笋以更换弹匣。

奥地利格洛克 37 手枪

英文名称：Glock 37

研制国家：奥地利

类型：半自动手枪

制造厂商：格洛克公司

枪机种类：自由枪机

服役时间：2003年至今

主要用户：美国警察单位

基本参数	
口径	11.43毫米
全长	201毫米
枪管长	114毫米
空枪重量	820克
有效射程	50发
枪口初速	320米/秒
弹容量	10发

格洛克37是由奥地利格洛克公司设计及生产的手枪，是格洛克21式的改进型，于2003年第一次亮相。

格洛克手枪有着重量轻的特点，所以在一定程度上有后坐力较大的缺点。在使用较小口径时，后坐力问题并不突出，但是在使用11.43毫米口径时后坐力明显偏大。格洛克37采用了更宽、更斜面的套筒，更大的枪管和不同的弹匣，而在其他方面则类似于格洛克17。格洛克37被设计为提供与.45 ACP相媲美的弹道性能和格洛克17的枪身尺寸，同时解决.45口径在枪身较轻的格洛克枪机上造成的后坐力问题。

意大利伯莱塔 90TWO 手枪

英文名称：Beretta 90TWO

研制国家：意大利

类型：半自动手枪

制造厂商：伯莱塔公司

枪机种类：自由枪机

服役时间：2006年至今

主要用户：意大利、美国等

基本参数	
口径	9毫米
全长	216毫米
枪管长	125毫米
空枪重量	921克
有效射程	50米
枪口初速	381米/秒
弹容量	12发、17发

90TWO手枪是伯莱塔公司在继承M92FS手枪“血统”的前提下，进行全新设计的最新产品。90TWO手枪的设计极为出色，在突出新一代手枪塑料套筒座外观特征的同时，伯莱塔公司对M92FS手枪进行了巧妙的升级。

伯莱塔公司对90TWO手枪的外形线条进行前卫设计的同时，非常重视人机工效，考虑到收枪和掏枪时的动作，特意采用带有弧度的轮廓，并重新恢复了M92SB手枪的弧线形扳机护圈。90TWO手枪外观设计中的另一个看点在于导轨护套。采用导轨护套的目的是在遭到意外撞击时保护导轨，同时还有隐藏导轨部分，调整整体平衡的目的。

以色列“沙漠之鹰”手枪

英文名称：IMI Desert Eagle
研制国家：以色列
类型：半自动手枪
制造厂商：IMI
枪机种类：气动式
服役时间：1982年至今
主要用户：美国、波兰等

基本参数	
口径	12.7毫米
全长	267毫米
枪管长	152毫米
空枪重量	1360克
有效射程	200米
枪口初速	402米/秒
弹容量	9发

“沙漠之鹰”是以色列军事工业公司（IMI）研制的以威力巨大著称的手枪。由于其在射击时所产生的高噪音导致军、警方拒绝采用，又因“沙漠之鹰”贯穿力强，甚至能穿透轻质隔墙，因此“沙漠之鹰”目前仅少量用于竞技、狩猎、自卫。

“沙漠之鹰”的闭锁式枪机与M16突击步枪系列的步枪十分相似。气动的优点在于它能够使用比传统手枪威力更大的子弹，这使得“沙漠之鹰”系列手枪能和使用马格努姆子弹的左轮手枪竞争。枪管采固定式固定于枪管座上，在近枪口处和膛室下方跟枪身连接。由于枪管在射击时并不会移动，理论上有助于射击的准确度。因枪管为固定式，并在顶部有瞄准镜安装导轨，使用者可自行加装瞄准设备。套筒两侧均有保险机柄，枪支可左右手操作。

▲ 换装了连手指凹槽的握把的“沙漠之鹰”手枪

▼ 金色的“沙漠之鹰”手枪

捷克斯洛伐克 / 捷克 CZ 83 手枪

英文名称：CZ 83

研制国家：捷克

类型：半自动手枪

制造厂商：

切斯卡·日布罗约夫卡兵工厂

枪机种类：自由枪机

服役时间：1983年至今

主要用户：捷克斯洛伐克、捷克

基本参数	
口径	7.65毫米
全长	172毫米
枪管长	97毫米
空枪重量	1360克
有效射程	50米
枪口初速	300米/秒
弹容量	12发、15发

CZ 83是一种小型手枪，主要供警方与军方校级军官使用。因使用低威力子弹，所以CZ 83手枪的机械结构比较简单，与德国的瓦尔特PP手枪类似，它的枪管是固定在枪身基座上，复进簧直接绕在枪管上再与滑套结合。该枪无任何闭锁机构，仅以单纯的反冲原理完成退壳与上弹程序。

CZ 83使用双动扳机，当子弹上膛后，击锤回复原位，此时扣动扳机即能使击锤升至待发顶点，再释放击锤击发子弹，它同时具备单动扳机的功能。该枪在枪身两侧装有击锤保险，这使左射手在用枪时能以拇指控制保险钮。当击锤保险关闭时，则弹匣无法插入，这能提醒射手注意保险钮的位置。CZ 83还有分解保险，当弹匣未取下时，分解不开手枪。它的扳机护圈较大，便于射手戴手套时射击。套筒两侧经过抛光处理，但顶部未抛光，以防止瞄准时反光。

克罗地亚 HS2000 冲锋枪

英文名称：HS2000
研制国家：克罗地亚
类型：半自动手枪
制造厂商：HS Produkt公司
枪机种类：枪管短行程后坐作用
服役时间：1999年至今
主要用户：
克罗地亚、美国、印度尼西亚等

基本参数	
口径	9毫米、10毫米、11.43毫米
全长	180毫米
枪管长	102毫米
空枪重量	650克
有效射程	80米
枪口初速	260米/秒
弹容量	9发、12发、13发、16发

HS2000手枪是克罗地亚于20世纪90年代后期研制的一款半自动手枪，能够发射多种不同口径的手枪弹。其独特设计之一是位于握把后方的握把式保险，必须按下该保险后才能发射。此外，该枪还配备防跌落保险，可防止击针在手枪意外摔落或受到撞击时释放并撞击底火。结合扳机保险，HS2000共有三种安全保险装置，有效降低了意外走火的风险。

HS2000采用短行程后坐和击针发射原理，多数型号配备串联双复进簧设计。该枪提供三种瞄准装置：除传统的固定准星和照门外，还可选配具备风偏修正功能的瞄准具。第三代枪型采用斜面式照门。扳机结构仅支持双动模式。当子弹装入枪膛时，一个圆形的针头会从套筒后部的类似碟形凹陷处伸出，作为可视和可触摸的指示器，表明手枪已装弹。

M400 CAL. 5.56MM

第3章

步枪

步枪是单兵肩射的长管枪械，有效射程一般为400米；也可用刺刀、枪托格斗；有的还可发射枪榴弹，具有点面杀伤和反装甲能力。不同类型的步枪可以执行不同的战术使命。但步枪的主要作用是以其火力、枪刺和枪托杀伤有生目标。因此，在近战中的最后阶段，步枪起着重要的作用。

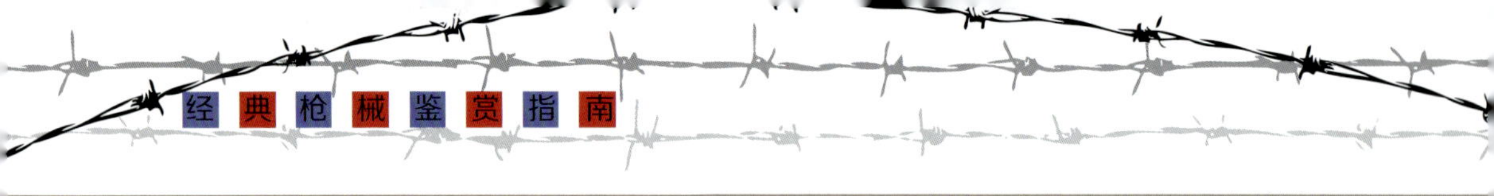

美国 M1 半自动步枪

英文名称：M1 Garand
研制国家：美国
类型：半自动步枪
制造厂商：春田兵工厂、温彻斯特等
枪机种类：转栓式枪机
服役时间：1933年至今
主要用户：美国、英国等

基本参数	
口径	7.62毫米
全长	1100毫米
枪管长	609.6毫米
空枪重量	4.37千克
有效射程	457米
枪口初速	853米/秒
弹容量	8发

M1 加兰德是世上第一种大量服役的半自动步枪，也是二战中最著名的步枪之一。与同时代的手动后拉枪机式步枪相比，M1的射击速度有了质的提高，并有着不错的射击精度，在战场上可以起到很好的压制作用。

M1被公认为是二战中最好的步枪之一。美军士兵非常喜爱M1 加兰德，部队报告称："M1步枪受到了部队的好评。这一称赞不仅来自于陆军和海军陆战队，而且是来自美军全军的。"就连美国著名将军乔治•巴顿也曾评价M1是"曾经出现过的最了不起的战斗武器"。该枪可靠性高，经久耐用，易于分解和清洁，在丛林、岛屿和沙漠等战场上都有出色的表现。

▲ M1半自动步枪拆解图

▼ M1半自动步枪特写

美国M14自动步枪

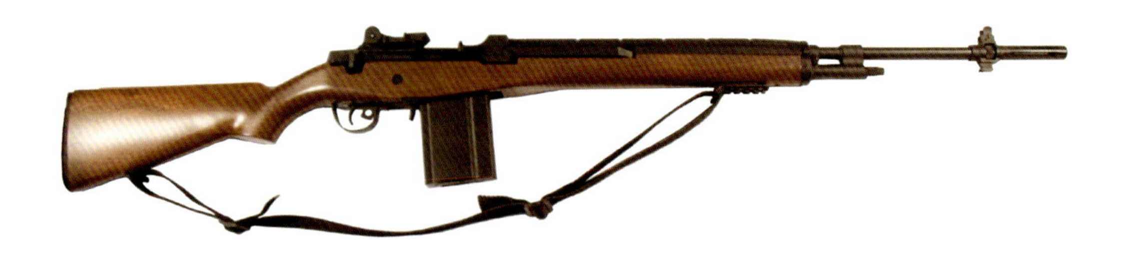

英文名称：M14 Rifle

研制国家：美国

类型：自动步枪

制造厂商：春田兵工厂

枪机种类：转栓式枪机

服役时间：1959年至今

主要用户：美国

基本参数	
口径	7.62毫米
全长	1118毫米
枪管长	559毫米
空枪重量	4.5千克
有效射程	460米
枪口初速	850米/秒
弹容量	5发、10发、20发

M14是由著名枪械设计师约翰·加兰德在M1加兰德的基础上设计的自动步枪。具有精度高和射程远的优点，使用7.62×51毫米北约标准步枪弹，由可拆卸的20发弹匣供弹。

M14服役后在丛林作战中大量使用，由于枪身比较笨重，单兵携带弹药量有限，而且弹药威力过大，全自动射击时散布面太大，难以控制精度，在丛林环境中不如苏联AK-47突击步枪（使用中间型威力枪弹），导致评价较差，并且很快停产。此后，经过现代化改造的M14才被美军重新起用。

美国 M14 DMR 步枪

英文名称：
M14 Designated Marksman Rifle
研制国家：美国
类型：精确射手步枪
制造厂商：美国海军陆战队精确武器工场
枪机种类：转栓式枪机
服役时间：2001年至今
主要用户：美国海军陆战队

Firearms ★★★

基本参数	
口径	9毫米
全长	216毫米
枪管长	125毫米
空枪重量	921克
有效射程	800米
枪口初速	381米/秒
弹容量	12发、17发

M14 DMR是以M14自动步枪为基础，以重量轻、高准确度为开发目的提供给美国海军陆战队的狙击步枪，是美国海军陆战队部分任务中侦察狙击手的快速瞄准武器。

M14 DMR的枪机组件和M14自动步枪相同，同样采用气动、转拴式枪机。M14 DMR采用560毫米不锈钢比赛级枪管，装有手枪式握把及可调式托腮板的麦克米兰M2A玻璃纤维战术枪托。上机匣备有MIL-STD-1913导轨，可安装所有对应此导轨的瞄准镜，比较常见的TS-30日用瞄准镜系列、AN/PVS-10或AN/PVS-17夜视瞄准镜、Leupold Mark 4瞄准镜及Unertl M40 10x fixed power瞄准镜。大部分M14 DMR采用标准型M14的枪口消焰器，并装有哈里斯S-L两脚架。

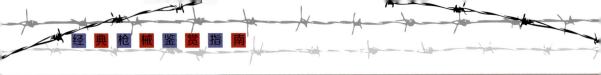

美国 M16 突击步枪

英文名称：M16 rifle

研制国家：美国

类型：突击步枪

制造厂商：柯尔特公司

枪机种类：转动式枪机

服役时间：1960年至今

主要用户：美国、澳大利亚等

基本参数	
口径	5.56毫米
全长	986毫米
枪管长	508毫米
空枪重量	3.1千克
有效射程	550米
枪口初速	975米/秒
弹容量	20发、30发

M16是由阿玛莱特AR-15发展而来的突击步枪，现由柯尔特公司生产。它是世界上最优秀的步枪之一，也是同口径中生产数量最多的枪械。

M16采用导气管式工作原理，但与一般导气式步枪不同，它没有活塞组件和气体调节器，而采用导气管。枪管中的高压气体从导气孔通过导气管直接推动机框，而不是进入独立活塞室驱动活塞。高压气体直接进入枪栓后方机框里的一个气室，再受到枪机上的密封圈阻止，因此急剧膨胀的气体便推动机框向后运动。机框走完自由行程后，其上的开锁螺旋面与枪机闭锁导柱相互作用，使枪机右旋开锁，而后机框带动枪机一起继续向后运动。

▲ 士兵用M16A2展开实弹射击

▼ M16突击步枪

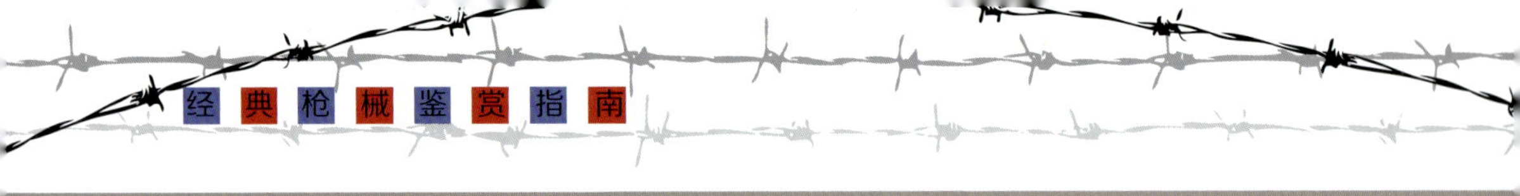

美国 AR-15 突击步枪

英文名称：Armalite Rifle-15
研制国家：美国
类型：突击步枪
制造厂商：阿玛莱特公司
枪机种类：转栓式枪机
服役时间：1958年至今
主要用户：美国、加拿大、英国等

基本参数	
口径	5.56毫米
全长	991毫米
枪管长	508毫米
空枪重量	3.9千克
有效射程	550米
枪口初速	975米/秒
弹容量	10发、20发、30发

AR-15是由美国著名枪械设计师尤金·斯通纳研发的以弹匣供弹、具备半自动或全自动射击模式的突击步枪。AR-15突击步枪的一些重要特点包括：小口径、精度高、初速高。

半自动型号的AR-15和全自动型号的AR-15在外形上完全相同，只是全自动改型具有一个选择射击的旋转开关，可以让使用人员在三种设计模式中选择安全、半自动以及依型号而定的全自动或三发连发。而半自动型号只有安全和半自动两种模式可供选择。

▲ AR-15突击步枪改型

▼ AR-15突击步枪后侧方特写

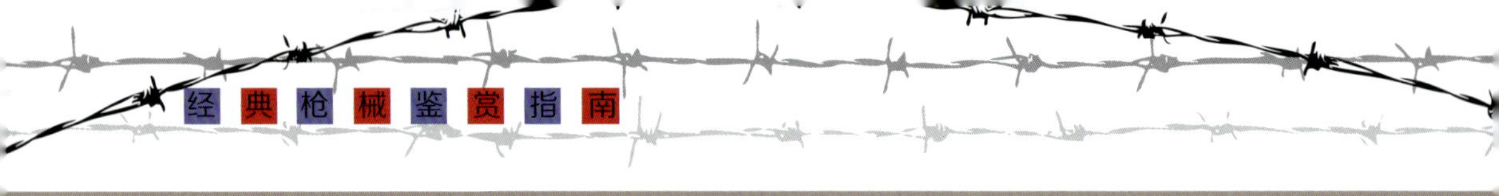

美国 AR-18 突击步枪

英文名称：ArmaLite AR-18

研制国家：美国

类型：突击步枪

制造厂商：阿玛莱特公司

枪机种类：转栓式枪机

服役时间：1963年至今

主要用户：美国、巴西、英国等

基本参数	
口径	5.56毫米
全长	965毫米
枪管长	457毫米
空枪重量	3千克
有效射程	500米
枪口初速	991米/秒
弹容量	20发、30发、40发

AR-18是阿玛莱特公司于1963年由AR-15步枪改进而成的一款突击步枪，AR-18因爱尔兰共和军（IRA）的使用而得到许多恶名，例如“寡妇制造者”。

AR-18是一种弹匣供弹、气动式、选射突击步枪，发射5.56×45毫米北约标准弹药。AR-18是由阿玛莱特在1963年基于AR-15所设计的。虽然AR-18并没有被任何一个国家作为制式步枪，它却影响了后来的许多武器。尽管AR-18步枪也是采用气体传动运作，但是它是以瓦斯筒承接瓦斯，然后推动连杆，将枪机往后推动完成枪机开锁，退抛壳与再进弹备便待发的程序动作，它的结构类似M-14步枪，只是拉柄与活塞连杆不是一个总成。

美国巴雷特 REC7 突击步枪

- **英文名称：** Barrett REC7
- **研制国家：** 美国
- **类型：** 突击步枪
- **制造厂商：** 巴雷特公司
- **枪机种类：** 转栓式枪机
- **服役时间：** 2004年至今
- **主要用户：** 美国、波兰

基本参数	
口径	6.8毫米
全长	845毫米
枪管长	410毫米
空枪重量	3.46千克
有效射程	600米
枪口初速	810米/秒
弹容量	30发

REC7是在M16突击步枪和M4卡宾枪的基础上改进而成的突击步枪，于2004年开始研发，采用6.8毫米口径。REC7并非是一支全新设计的步枪，它只是用巴雷特公司生产的一个上机匣搭配上普通M4/M16的下机匣而成。

REC7突击步枪采用了新的6.8毫米雷明顿SPC（6.8 × 43毫米）弹药，其长度与美军正在使用的5.56毫米弹药相近，因此可以直接套用美军现有的STANAG弹匣。6.8毫米SPC弹在口径上较5.56毫米弹药要大不少，装药量也更多，其停止作用和有效射程比后者要强50%以上，虽然枪口初速比5.56毫米弹药稍低，但其枪口动能为5.56毫米弹药的1.5倍。REC7采用ARMS公司生产的SIR护木，能够安装两脚架、夜视仪和光学瞄准镜等配件。此外，还有一个折叠式的机械瞄具。

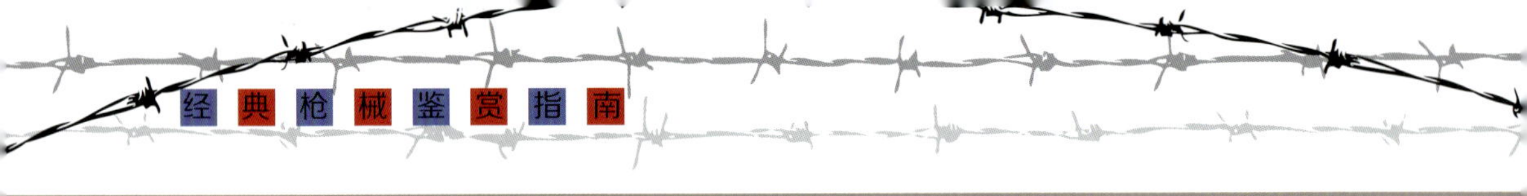

美国巴雷特 M82 狙击步枪

英文名称：Barrett M82
研制国家：美国
类型：狙击步枪
制造厂商：巴雷特公司
枪机种类：滚转式枪机
服役时间：1982年至今
主要用户：美国、阿根廷、法国等

基本参数	
口径	12.7毫米
全长	1219毫米
枪管长	508毫米
空枪重量	14千克
最大射程	6800米
枪口初速	853米/秒
弹容量	10发

M82是20世纪80年代早期由美国巴雷特公司研制的重型特殊用途狙击步枪（Special Application Scoped Rifle，SASR），是美军唯一的“特殊用途的狙击步枪”（SASR），可以用于反器材攻击和引爆弹药库。

由于M82可以打穿许多墙壁，因此也被用来攻击躲在掩体后的人员。除了军队以外，美国很多执法机关也钟爱此枪，包括纽约警察局，因为它可以迅速拦截车辆，一发子弹就能打坏汽车引擎，也能很快打穿砖墙和水泥，适合城市战斗。美国海岸警卫队还使用M82进行反毒作战，有效打击了海岸附近的高速运毒小艇。

▲ M82A1前侧方特写

▼ 美国海军陆战队士兵使用M82A3进行任务训练

美国巴雷特 M95 狙击步枪

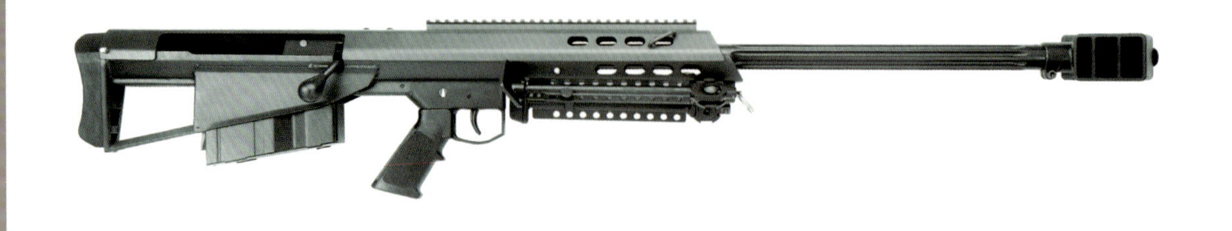

英文名称：Barrett M95

研制国家：美国

类型：狙击步枪

制造厂商：巴雷特公司

枪机种类：旋转后拉式枪机

服役时间：1995年至今

主要用户：美国、阿根廷等

基本参数	
口径	12.7毫米
全长	1143毫米
枪管长	737毫米
空枪重量	10.7千克
有效射程	1800米
枪口初速	854米/秒
弹容量	5发

M95是美国巴雷特公司研制的重型无托结构狙击步枪，据巴雷特公司的官方网站宣布，目前M95最少被15个国家的军队和执法机关采用。

巴雷特M95和M90一样，保留其双膛直角箭头形（V形）制动器、可折叠式两脚架和机匣顶部的MIL-STD-1913战术导轨、弹匣减少至5发、没有机械瞄具，必须利用战术导轨安装光学瞄准镜。但主要分别在于更符合人体工学，其握把和扳机之间向前移25毫米以便更换弹匣、缩短每发之间的时间。M95的精度极高，能够保证在900米的距离上3发枪弹的散布半径不超过25毫米。它的设计意图在实战中得到了彻底的体现。

美国巴雷特 M99 狙击步枪

英文名称：Barrett M99
研制国家：美国
类型：狙击步枪
制造厂商：巴雷特公司
枪机种类：旋转后拉式枪机
服役时间：1999年至今
主要用户：美国、荷兰等

基本参数	
口径	10.57毫米、12.7毫米
全长	1280毫米
枪管长	813毫米
空枪重量	11.8千克
有效射程	1850米
枪口初速	900米/秒
弹容量	1发

M99是美国巴雷特公司于1999年推出的产品。由于M99的弹仓只可放一发子弹而且不设弹匣，在军事用途上缺乏竞争力，所以现在主要是向民用市场及执法部门发售。

M99采用多齿刚性闭锁结构，非自动发射方式，即发射一发枪弹后，需手动退出弹壳，并手动装填第二发枪弹，因此M99是没有弹匣的。该枪主要使用12.7×99毫米大口径勃朗宁机枪弹，必要时也可以发射同口径的其他机枪弹，主要打击目标是指挥部、停机坪上的飞机、油库、雷达等重要设施。

美国巴雷特 M98B 狙击步枪

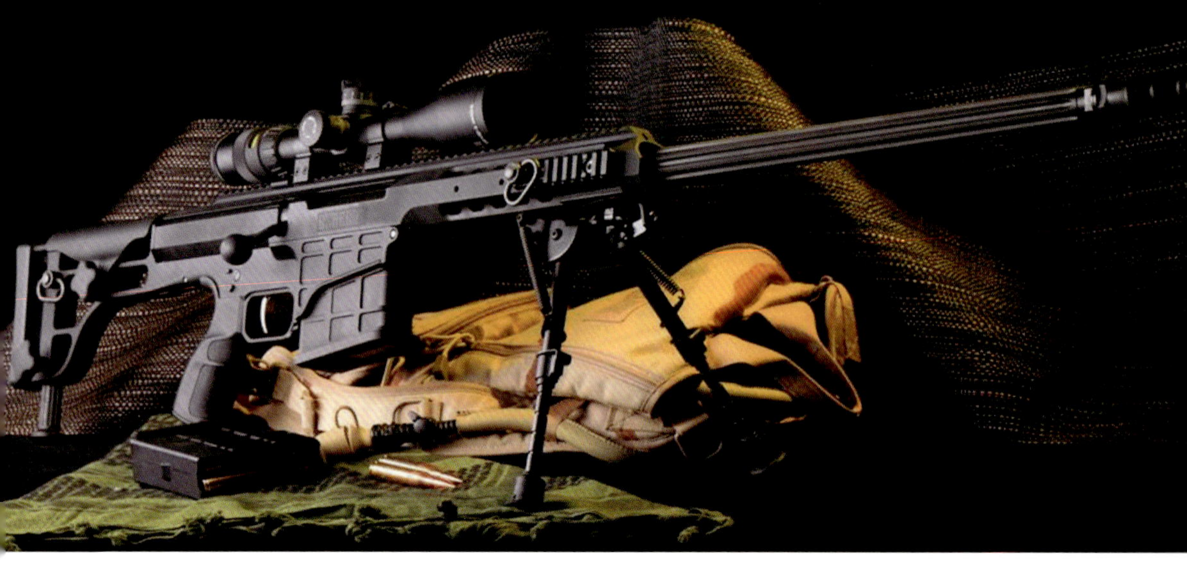

英文名称：Barrett M98B
研制国家：美国
类型：狙击步枪
制造厂商：巴雷特公司
枪机种类：旋转后拉式枪机
服役时间：2008年至今
主要用户：墨西哥联邦警察

基本参数	
口径	8.59毫米
全长	1264毫米
枪管长	685.8毫米
空枪重量	6.12千克
有效射程	1600米
枪口初速	940米/秒
弹容量	10发

M98B是由美国巴雷特公司在M98狙击步枪的基础上改进而成的旋转后拉式枪机式手动狙击步枪，于2008年10月正式公布，2009年初开始销售。

与同类武器相比，供弹平稳、安全性高是M98B狙击步枪的最大亮点。无论是行军运输、战斗射击还是维修保养都让操作者感到十分满意。M98B的精度较高，在500米距离弹着点散布直径是6厘米，在1600米距离可以无修正命中人体目标，且对人员可达到“一枪毙命”的效果。M98B不但是有效的反人员狙击步枪，也可以在一定程度上作为反器材步枪使用。

美国巴雷特 M107 狙击步枪

英文名称：Barrett M107
研制国家：美国
类型：半自动狙击步枪
制造厂商：巴雷特公司
枪机种类：滚转式枪机
服役时间：2005年至今
主要用户：美国、德国、墨西哥等

基本参数	
口径	12.7毫米
全长	1448毫米
枪管长	737毫米
空枪重量	12.9千克
最大射程	6812米
枪口初速	853米/秒
弹容量	10发

M107是在美国海军陆战队使用的M82A3狙击步枪的基础上发展而来，能够击发大威力12.7毫米口径弹药。曾被美国陆军物资司令部评为“2004年美国陆军十大最伟大科技发明”之一，现已被美国陆军全面列装。

M107主要用于远距离有效攻击和摧毁技术装备目标，包括停放的飞机、计算机、情报站、雷达站、弹药、石油、燃油和润滑剂站、各种轻型装甲目标和指挥、控制和通信设备等。 在反狙击手任务中，M107系统有更远的射程，且有更高的终点效应。

美国巴雷特 XM500 半自动狙击步枪

英文名称：Barrett XM500

研制国家：美国

类型：半自动狙击步枪

制造厂商：巴雷特公司

枪机种类：转栓式枪机

服役时间：2006年至今

主要用户：马来西亚

基本参数	
口径	12.7毫米
全长	1168毫米
枪管长	447毫米
空枪重量	11.8千克
有效射程	1850米
枪口初速	900米/秒
弹容量	10发

XM500是巴雷特公司最新研制及生产的气动式操作、半自动射击的重型无托结构狙击步枪，其无托式设计与M82A2较为相似。

XM500采用无托结构来缩短全长，而且还采用AR式步枪的导气式原理。由于XM500装有一根固定的枪管，因此有更高的精度。和M82/M107一样，XM500也有一个可折叠及拆下的两脚架，安装在护木下方。由于采用了无托结构，因此来自M82的10发可拆式弹匣安装于扳机的后方。由于没有机械瞄具，XM500必须利用机匣顶部的MILSTD-1913战术导轨安装瞄准镜、夜视镜及其他战术配件。

美国巴雷特 MRAD 狙击步枪

英文名称：Barrett Multi-Role Adaptive Design
研制国家：美国
类型：狙击步枪
制造厂商：巴雷特公司
枪机种类：旋转后拉式枪机
服役时间：2010年至今
主要用户：以色列、挪威

基本参数	
口径	8.59毫米
全长	1258毫米
枪管长	686毫米
空枪重量	6.94千克
最大射程	1500米
枪口初速	945米/秒
弹容量	10发

MRAD是以巴雷特M98B为蓝本，按照美国特种作战司令部（USSOCOM）制订的规格改进而来的旋转后拉式枪机式手动狙击步枪，在2010年底正式公布，并于2011年初开始销售，其建议售价为6000美元。

MRAD装有一根以4150 MIL-B-11595钢铁制造的中至重型的自由浮置式枪管。目前全长有三种，分别为685.8毫米、622.3毫米和508毫米，枪管更具有凹槽以增加散热速度。MRAD由一个可拆卸弹匣从下机匣弹匣口供弹，让射手即使要面对大量目标也能够维持不会很快就中断的火力。弹匣卡笋就在扳机护圈前方，射手可以用射击手的食指拆卸弹匣及重新装填。

美国 M21 狙击手武器系统

英文名称：
M21 Sniper Weapon System
研制国家：美国
类型：狙击步枪
制造厂商：岩岛兵工厂
枪机种类：转栓式枪机
服役时间：1969～1988年
主要用户：美国、澳大利亚等

Firearms ★★★

基本参数	
口径	7.62毫米
全长	1118毫米
枪管长	560毫米
空枪重量	5.27千克
有效射程	690米
枪口初速	853米/秒
弹容量	5发、10发、20发

M21狙击手武器系统在M14步枪的基础上改进而成，是美国陆军在20世纪60年代末到80年代末的重要狙击武器之一，直到现在仍在使用。

M21的消焰器可外接消音器，不仅不会影响弹丸的初速，还能把泄出气体的速度降低至音速以下，使射手位置不易暴露，这在战争中是一项非常重要的优点。在整个越南战争期间，美军共装备了1800余支配ART瞄准镜的M21。在一份美国越南战争杀伤报告中记载，在1969年1月7日至7月24日的半年内，一个狙击班共射杀敌方1245名士兵，消耗弹药1706发，平均1.37发弹狙杀一个目标。

美国 M25 狙击手武器系统

英文名称： M25 Sniper Weapon System

研制国家： 美国

类型： 狙击步枪

制造厂商： 美国陆军特种部队、美国海军特种部队

枪机种类： 转栓式枪机

服役时间： 1991年至今

主要用户： 美国陆军特种部队、美国海军“海豹”部队

基本参数	
口径	7.62毫米
全长	1125毫米
枪管长	639毫米
空枪重量	4.9千克
有效射程	900米
枪口初速	800米/秒
弹容量	10发、20发

M25是美国陆军特种部队和海军特种部队20世纪80年代后期以M14自动步枪为基础研制的一种狙击手武器系统。

M25保留有许多M21的特征，都是NM级枪管的M14配麦克米兰的玻璃纤维制枪托及改进的导气装置，但M25改用Brookfield瞄准镜座，并用Leupold的瞄准镜代替ART1和ART2瞄准镜，新的瞄准镜座也允许使用AN/PVS-4夜视瞄准镜。最早的M25步枪的枪托内有一块钢垫，这个钢垫是让射手在枪托上拆卸或重新安装枪管后不需要给瞄准镜重新归零。但定型的M25取消了钢垫而采用麦克米兰公司生产的 M3A枪托。第10特种小队（SFG）的队员和OPS公司一起为M25设计了一个消声器，使步枪在安装消声器后仍然维持有比较高的射击精度。

美国特种作战司令部将M25列为轻型狙击步枪，作为M24 SWS的辅助狙击步枪。因此，M25并不是用于代替美军装备的旋转后拉式枪机狙击步枪，而是作为狙击手的支援武器。

美国雷明顿 M24 狙击手武器系统

英文名称：
M24 Sniper Weapon System
研制国家：美国
类型：狙击步枪
制造厂商：雷明顿公司
枪机种类：旋转后拉式枪机
服役时间：1988年至今
主要用户：美国、英国、巴西等

基本参数	
口径	7.62毫米
全长	1092.2毫米
枪管长	609.6毫米
空枪重量	5.5千克
有效射程	800米
枪口初速	853米/秒
弹容量	5发、10发

M24狙击手武器系统是雷明顿700步枪的衍生型之一，主要提供给军队及警察用户，在1988年正式成为美国陆军的制式狙击步枪。

M24特别采用碳纤维与玻璃纤维等材料合成的枪身枪托，由弹仓供弹，装弹5发，发射美国M118式7.62毫米特种弹头比赛弹。该枪的精度较高，射程可达1000米，但每打出一颗子弹都要拉动枪栓一次。M24对气象物候条件的要求很严格，潮湿空气可能改变子弹方向，而干热空气又会造成子弹打高。为了确保射击精度，该枪设有瞄准具、夜视镜、聚光镜、激光测距仪和气压计等配件，远程狙击命中率较高，但使用较为烦琐。

▲ M24狙击手武器系统

▼ 使用M24进行任务训练的狙击小组

美国雷明顿M40狙击步枪

英文名称：Remington Model 40
研制国家：美国
类型：狙击步枪
制造厂商：雷明顿公司
枪机种类：旋转后拉式枪机
服役时间：1966年至今
主要用户：美国海军陆战队

基本参数	
口径	7.62毫米
全长	1117毫米
枪管长	610毫米
空枪重量	6.57千克
有效射程	900米
枪口初速	777米/秒
弹容量	5发

M40狙击步枪是雷明顿700步枪的衍生型之一，是美国海军陆战队自1966年以来的制式狙击步枪，其改进型号目前仍在服役。

早期的M40全部装有Redfield 3～9瞄准镜，但瞄准镜及木制枪托在越南战场的炎热潮湿环境下，出现受潮膨胀等严重问题，以至无法使用。之后的M40A1和M40A3换装了玻璃纤维枪托和Unertl瞄准镜，加上其他功能的改进，逐渐成为性能优异的成熟产品。

美国雷明顿 M1903A4 狙击步枪

英文名称：
Remington Model 1903A4
研制国家：美国
类型：狙击步枪
制造厂商：雷明顿公司
枪机种类：旋转后拉式枪机
服役时间：1943～1975年
主要用户：美国

基本参数	
口径	7.62毫米
全长	1098毫米
枪管长	610毫米
空枪重量	3.95千克
有效射程	550米
枪口初速	853米/秒
弹容量	5发

M1903A4是在M1903A3春田步枪的基础上改进而来的狙击步枪，是美军在二战中的制式武器。二战后，美国将M1903A4作为出口武器，许多国家至今仍用它作为制式武器。

M1903A4狙击步枪配用的两种瞄准镜体积小、质量轻，作战中不容易被碰撞或挂住，可靠性良好。但是在南太平洋诸岛的丛林游击战中，防水性不足的M73B1瞄准镜不能适应高温潮湿的丛林环境，导致水汽侵入镜中后无法瞄准。为进一步改善M73B1的密封性，从而开发了防水性良好的瞄准镜。该瞄准镜于1945年初被选作制式，命名为M84瞄准镜，以替换M73B1，但到二战结束为止，只有部分M1903A4改装了M84。

美国雷明顿 XM2010 增强型狙击步枪

英文名称：XM2010 Enhanced Sniper Rifle

研制国家：美国

类型：狙击步枪

制造厂商：雷明顿公司

枪机种类：双大型锁耳型毛瑟式旋转后拉枪机

服役时间：2010年至今

主要用户：美国陆军

Firearms ★★★

基本参数	
口径	7.62毫米
全长	1181毫米
枪管长	559毫米
空枪重量	26.68千克
有效射程	1188米
枪口初速	869米/秒
弹容量	5发

XM2010增强型狙击步枪是以M24狙击手武器系统为蓝本，由雷明顿公司研制的手动狙击步枪。2011年1月18日，美国陆军开始向2500名狙击手发配XM2010增强型狙击步枪。同年3月，美国陆军狙击手开始在阿富汗的作战行动之中使用XM2010增强型狙击步枪。

XM2010增强型狙击步枪被视为是M24狙击手武器系统的一个“整体转换升级”，当中包括转换膛室、枪管、弹匣，并增加枪口制退器、消声器，甚至需要新的光学狙击镜、夜视镜以配合新口径的弹道特性。另外还要更换新型枪托，特别是要带有皮卡汀尼导轨，便于安装多种附件。

美国雷明顿R11 RSASS狙击步枪

英文名称：R11 Remington Semi-Automatic Sniper System
研制国家：美国
类型：狙击步枪
制造厂商：雷明顿公司
枪机种类：转栓式枪机
服役时间：2009年至今
主要用户：马来西亚海军特种部队

基本参数	
口径	7.62毫米
全长	1003毫米
枪管长	457毫米
空枪重量	5.44千克
有效射程	1000米
枪口初速	840米/秒
弹容量	19发、20发

R11 RSASS是由雷明顿公司为了替换美国陆军狙击手、观察手、指定射手及班组精确射手的M24狙击步枪而研制的半自动狙击步枪。

为了达到最大精度，R11 RSASS的枪管以416型不锈钢制造，并且经过低温处理，有457.2 毫米和558.8毫米两种枪管长度，标准膛线缠距为1：10。枪口上装上了先进武器装备公司（AAC）的制动器，可减轻后坐力并减小射击时枪口的上扬幅度，还能够利用其装上AAC公司的快速安装及拆卸消声器。R11 RSASS没有内置机械瞄具，但有一条MIL-STD-1913战术导轨在枪托底部，平时装上保护套，可按照射手需要用以安装额外的背带或后脚架。

美国雷明顿MSR狙击步枪

英文名称：Modular Sniper Rifle
研制国家：美国
类型：狙击步枪
制造厂商：雷明顿公司
枪机种类：旋转后拉式枪机
服役时间：2009年至今
主要用户：美国、哥伦比亚等

基本参数	
口径	7.62毫米、8.59毫米
全长	1168毫米
枪管长	508毫米
空枪重量	7.71千克
有效射程	1500米
枪口初速	841.25米/秒
弹容量	5发、7发、10发

MSR是由雷明顿军品分公司所研制、生产及销售的手动狙击步枪，在2009年的SHOT Show（射击、狩猎和户外用品展览）上首次露面。

MSR采用了全新设计的旋转后拉式枪机和机匣，取代了雷明顿武器公司著名产品雷明顿700步枪系列所采用的双大型锁耳型毛瑟式枪机和圆形机匣。MSR的枪口上装上了先进武器装备公司的消焰/制动器，可减少后坐力、枪口上扬和枪口焰，并能够利用其装上先进武器装备公司的“泰坦”型快速安装及拆卸消声器。

美国阿玛莱特 AR-30 狙击步枪

英文名称：Armalite AR-30

研制国家：美国

类型：狙击步枪

制造厂商：阿玛莱特公司

枪机种类：旋转后拉式枪机

服役时间：2003年至今

主要用户：美国

Firearms ★★★

基本参数	
口径	8.6毫米
全长	1199毫米
枪管长	660毫米
空枪重量	5.4千克
有效射程	1800米
枪口初速	987米/秒
弹容量	5发

AR-30是阿玛莱特公司于2000年在AR-50基础上改进设计，并在SHOT Show上公开，2002年完成设计，2003年开始生产和对民间市场发售的狙击步枪。

AR-30狙击步枪使用哈里斯两脚架和刘波尔德Vari-XⅢ（6.5~20）×50毫米型瞄准镜，在91.4米距离上，平均散布圆直径为3.07厘米。该枪的扳机力小、后坐力小，但制退器有枪口焰现象，且噪声较大。总体来说，AR-30的综合性能好，无论是在军事、执法领域还是在远距离射击比赛和狩猎运动中，它都有较好的应用前景。

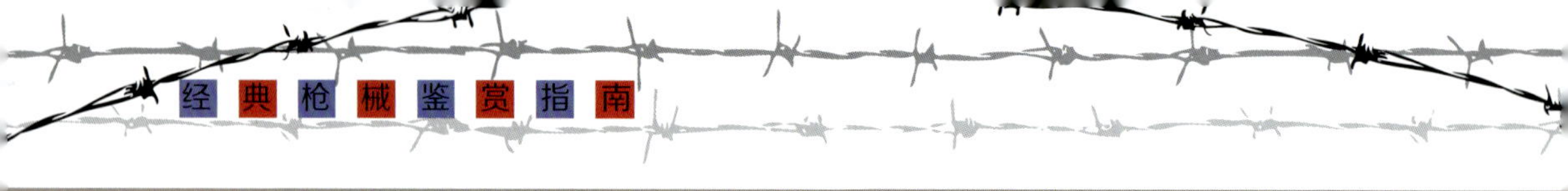

美国阿玛莱特 AR-50 狙击步枪

英文名称：Armalite Rifle 50

研制国家：美国

类型：狙击步枪

制造厂商：阿玛莱特公司

枪机种类：旋转后拉式枪机

服役时间：1999年至今

主要用户：马来西亚皇家海军特种作战部队、美国警察

Firearms ★★★

基本参数	
口径	12.7毫米
全长	1511毫米
枪管长	787.4毫米
空枪重量	16.33千克
有效射程	1800米
枪口初速	840米/秒
弹容量	1发

AR-50是由阿玛莱特公司于20世纪末研制及生产的单发旋转后拉式枪机重型狙击步枪，目前，该枪已更新为AR-50A1B，它装有更平滑顺畅的枪机、新型枪机挡和加固型枪口制动器。AR-50A1B是作为一支经济型的长距离射击比赛用枪而设计的，具有令人惊讶的精度，而其巨大的凹槽枪口制动器也使它发射时的后坐力大大减轻。

虽然AR-50是一支高精度的大口径步枪，但只有一发子弹的AR-50无法在短时间内攻击多个目标。因此AR-50仅作为民用，主打低端市场，其销售价格较同类型武器下降约50%。

美国麦克米兰 TAC-50 狙击步枪

英文名称：McMillan Tac-50
研制国家：美国
类型：狙击步枪
制造厂商：麦克米兰公司
枪机种类：旋转后拉式枪机
服役时间：1980年至今
主要用户：美国、加拿大、法国等

基本参数	
口径	12.7毫米
全长	1448毫米
枪管长	736毫米
空枪重量	11.8千克
有效射程	2000米
枪口初速	850米/秒
弹容量	5发

TAC-50是一种军队及执法部门用的狙击武器， 2000年，加拿大军队将TAC-50选为制式武器，并重新命名为“C15长程狙击武器”。美国海军“海豹”突击队也采用了该枪，命名为Mk 15狙击步枪。

TAC-50 狙击步枪用的是12.7×99毫米北约（NATO）口径子弹，子弹高度和罐装可乐相同，破坏力惊人，狙击手可用来对付装甲车辆和直升机。该枪还因其有效射程远而闻名世界。2002年，加拿大军队的罗布·福尔隆（Rob Furlong）下士在阿富汗某山谷上，以TAC-50在2430米距离击中一名塔利班武装分子RPK机枪手，创出当时最远狙击距离的世界纪录，至2009年11月才被英军下士克雷格·哈里森以2475米的距离打破。

美国奈特 M110 半自动狙击步枪

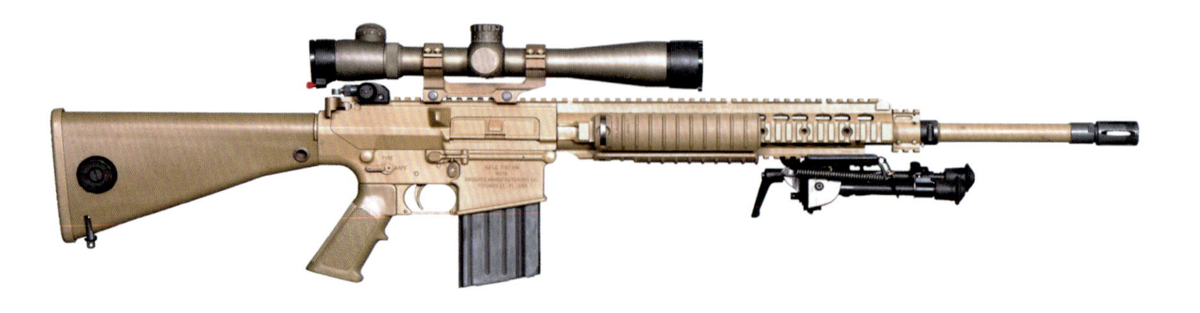

英文名称：

M110 Semi-Automatic Sniper System

研制国家：美国

类型：半自动狙击步枪

制造厂商：奈特公司

枪机种类：转栓式枪机

服役时间：2006年至今

主要用户：美国、新加坡等

Firearms ★★★

基本参数	
口径	7.62毫米
全长	1029毫米
枪管长	508毫米
空枪重量	6.91千克
有效射程	1000米
枪口初速	783米/秒
弹容量	20发

M110是美国奈特（Knight's Armament Company，简称KAC）公司推出的7.62毫米口径半自动狙击步枪，曾被评为“2007年美国陆军十大发明”之一。2006年底，M110 SASS正式成为美军的制式狙击步枪。2007年4月，驻守阿富汗的美国陆军“复仇女神”特遣队成为首个使用M110 SASS作战的部队。

在阿富汗和伊拉克执行作战任务的美军都装备了M110 SASS。有的士兵认为，M110 SASS的半自动发射系统过于复杂，反不如运动机件更少的M24精度高。

美国奈特 SR-25 半自动狙击步枪

英文名称：Stoner Rifle-25
研制国家：美国
类型：半自动狙击步枪
制造厂商：奈特公司
枪机种类：转栓式枪机
服役时间：1990年至今
主要用户：美国

基本参数	
口径	7.62毫米
全长	1118毫米
枪管长	610毫米
空枪重量	4.88千克
有效射程	600米
枪口初速	853米/秒
弹容量	5发、10发、20发

SR-25是一款由美国著名枪械设计师尤金·斯通纳基于AR-10自动步枪设计、奈特公司出品的半自动步枪。

SR-25的枪管采用浮置式安装，枪管只与上机匣连接，两脚架安在枪管套筒上，枪管套筒不接触枪管。SR-25没有机械瞄具，所有型号都有皮卡汀尼导轨用来安装各种型号的瞄准镜或者带有机械瞄具的M16A4提把（准星在导轨前面）。虽然SR-25主打民用市场，但其性能完全达到了军用狙击步枪的要求，而且SR-25的野外分解和维护比M16突击步枪更加方便，在勤务性能方面也毫不逊色。

美国“风行者”M96狙击步枪

英文名称：Windrunner M96
研制国家：美国
类型：狙击步枪
制造厂商：EDM武器公司
枪机种类：旋转后拉式枪机
服役时间：1996年至今
主要用户：美国、加拿大、土耳其

基本参数	
口径	12.7毫米
全长	1270毫米
枪管长	762毫米
空枪重量	15.42千克
有效射程	1800米
枪口初速	853米/秒
弹容量	5发

“风行者”M96是由美国EDM武器公司生产的狙击步枪，目前，“风行者”M96已被一些美军特种部队所采用。此外，加拿大军队和土耳其“栗色贝雷帽”特种部队也少量采用了该枪。

尽管“风行者”M96狙击步枪外形很简陋，但EDM武器公司的官方资料宣称其精度很高。该枪被设计成能够在1分钟之内不利用任何工具就能分解成5个或2个部分，从而缩短整体长度以便携带和储存。分解后的“风行者”M96全长不超过813毫米，并可以在战场上快速组装，而且精度不变。

美国 SRS 狙击步枪

英文名称：Stealth Recon Scout
研制国家：美国
类型：狙击步枪
制造厂商：沙漠战术武器公司
枪机种类：旋转后拉式枪机
服役时间：2008年至今
主要用户：格鲁吉亚军队

Firearms ★★★

基本参数	
口径	8.59毫米
全长	1008毫米
枪管长	660毫米
空枪重量	5.56千克
有效射程	1737米
枪口初速	870米/秒
弹容量	5发

SRS是由美国沙漠战术武器公司（DTA）研制的无托结构手动狙击步枪，在2008年的美国SHOT Show上首次公开展示。目前，该枪已被格鲁吉亚军队所采用。

SRS狙击步枪是为数不多的采用无托结构布局的手动枪机狙击步枪，生产商宣称它比传统型狙击步枪缩短了279.4毫米。由于采用了无托结构，机匣、弹匣和枪机的位置都改为手枪握把后方的枪托内，因此操作上与其他大多数传统式步枪设计略有不同。这种布局也将更多的重量转移到步枪后方，大大提高了武器的平衡性。

美国SAM-R精确射手步枪

英文名称：

Squad Advanced Marksman Rifle

研制国家：美国

类型：精确射手步枪

制造厂商：美国海军陆战队战争实验室

枪机种类：转栓式枪机

服役时间：2001年至今

主要用户：美国海军陆战队

Firearms ★★☆

基本参数	
口径	5.56毫米
全长	1000毫米
枪管长	510毫米
弹容量	20发、30发
空枪重量	4.5千克
有效射程	550米
枪口初速	930米/秒
弹容量	20发、30发

SAM-R是美国海军陆战队班一级单位装备的一种专用的精确射手步枪，是由美国海军陆战队战争实验室经过大量试验后的产物，其名称意为“班用高级神枪手步枪”。

SAM-R普遍使用M16A4改装，下机匣也是标准的M16A4，所以只能进行单发和3发点射。为了提高精度，SAM-R采用M16A1的一道火扳机。枪管是508毫米长的比赛级不锈钢Krieger SS枪管管前端安装有标准的A2式消焰器。

美国 M39 EMR 精确射手步枪

英文名称：
M39 Enhanced Marksman Rifle
研制国家：美国
类型：精确射手步枪
制造厂商：美国海军陆战队
枪机种类：转栓式枪机
服役时间：2008年至今
主要用户：美国海军陆战队

基本参数	
口径	7.62毫米
全长	1120毫米
枪管长	559毫米
空枪重量	7.5千克
有效射程	770米
枪口初速	865米/秒
弹容量	20发

M39 EMR是美国海军陆战队于2008年以M14自动步枪的衍生型M14 DMR改装的半自动精确射手步枪，主要装备美国海军陆战队的精确射手及没有侦察狙击手的小队作快速精确射击，而根据任务需要，侦察狙击手有时也会装备M39 EMR作为主要武器以提供比手动步枪更快速的射击速率。EMR也被爆炸物处理小队用作引爆用途。

M39 EMR的伸缩式金属枪托装有可调式托腮板及可调式枪托底板，M14 DMR原有的手枪式握把也进行了改良，M39 EMR版本更为舒适。M39 EMR的机匣上具有4条MIL-STD-1913导轨，可安装各种对应此导轨的瞄准镜及影像装置，原本为M40A3狙击步枪配发的M8541侦察狙击手日用瞄准镜现已成为M39 EMR的套件之一。此外，M39 EMR所采用的改良型两脚架比哈里斯S-L两脚架耐用。

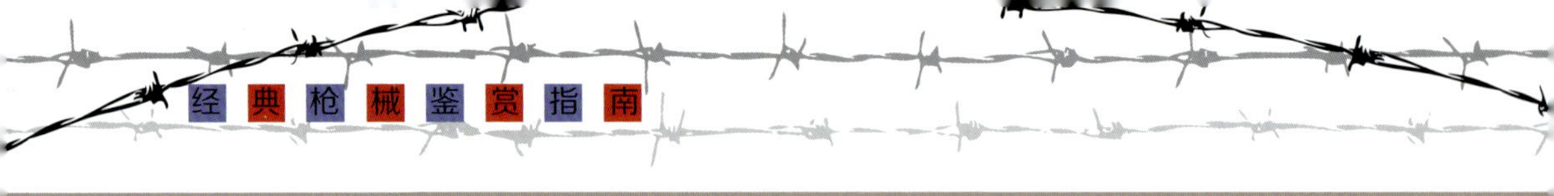

苏联/俄罗斯 AK-47 突击步枪

英文名称：AK-47

研制国家：苏联

类型：突击步枪

制造厂商：伊兹马什公司

枪机种类：转栓式枪机

服役时间：1949年至今

主要用户：苏联、俄罗斯、德国等

Firearms ★★★

基本参数	
口径	7.62毫米
全长	870毫米
枪管长	415毫米
空枪重量	4.3千克
有效射程	300米
枪口初速	710米/秒
弹容量	30发

AK-47是由苏联著名枪械设计师米哈伊尔·季莫费耶维奇·卡拉什尼科夫设计的突击步枪，20世纪50～80年代一直是苏联军队的制式装备。该枪是世界上最著名的步枪之一，制造数量和使用范围极为惊人。

该枪结构简单，易于分解、清洁和维修。在沙漠、热带雨林、严寒等极度恶劣的环境下，AK-47仍能保持相当好的效能。AK-47的主要缺点是全自动射击时枪口上扬严重，枪机框后坐时撞击机匣底，机匣盖的设计导致瞄准基线较短，瞄准具不理想，导致射击精度较差，特别是300米以外难以准确射击，连发射击精度更低。

▲ 使用AK-47突击步枪进行射击的美国海军陆战队士兵

▼ AK-47突击步枪特写

苏联/俄罗斯 AKM 突击步枪

英文名称：Kalashnikov Modernized Automatic Rifle

研制国家：苏联

类型：突击步枪

制造厂商：伊兹马什公司

枪机种类：转栓式枪机

服役时间：1959年至今

主要用户：苏联、俄罗斯、伊拉克等

Firearms ★★★

基本参数	
口径	7.62毫米
全长	876毫米
枪管长	369毫米
空枪重量	3.15千克
有效射程	350米
枪口初速	715米/秒
弹容量	30发

AKM是由卡拉什尼科夫在AK-47基础上改进而来的突击步枪，作为AK-47突击步枪的升级版，AKM突击步枪更实用，更符合现代突击步枪的要求。时至今日，俄罗斯军队和内务部迄今仍有装备。

AKM扳机组上增加的“击锤延迟体”，从根本上消除了哑火的可能性。在试验记录上，AKM未出现一次因武器方面引起的哑火现象，可靠性良好。此外，AKM的下护木两侧有突起，便于控制连射。由于采用了许多新技术，改善了不少AK系列的固有缺陷，AKM比AK-47更实用，更符合现代突击步枪的要求。

苏联 / 俄罗斯 AK-74 突击步枪

英文名称：AK-74
研制国家：苏联
类型：突击步枪
制造厂商：伊兹马什公司
枪机种类：转栓式枪机
服役时间：1974年至今
主要用户：苏联、俄罗斯

基本参数	
口径	5.45毫米
全长	943毫米
枪管长	415毫米
全枪重量	3.3千克
有效射程	500米
枪口初速	900米/秒
弹容量	20发、30发、45发

AK-74是卡拉什尼科夫于20世纪70年代在AKM基础上改进而来，是苏联装备的第一种小口径突击步枪。该枪在1974年开始设计，同年11月7日在莫斯科红场阅兵仪式上首次露面。

AK-74的口径减小，射速提高，后坐力减小。由于使用小口径弹药并加装了枪口装置，AK-74的连发散布精度大大提高，不过单发精度仍然较低，而且枪口装置导致枪口焰比较明显，尤其是在黑暗中射击。AK-74使用方便，未经过训练的人都能很轻松地进行全自动射击。

▲ 装备AK-74突击步枪的俄军士兵

▼ AK-74突击步枪及弹匣

俄罗斯 AK-102 突击步枪

英文名称：AK-102
研制国家：俄罗斯
类型：突击步枪
制造厂商：伊兹马什公司
枪机种类：转栓式枪机
服役时间：1994年至今
主要用户：俄罗斯、肯尼亚等

基本参数	
口径	5.56毫米
全长	824毫米
枪管长	314毫米
空枪重量	3千克
有效射程	500米
枪口初速	850米/秒
弹容量	30发

AK-102是AK-101的缩短版本，与之后的AK-104、AK-105在设计上都非常相似，唯一的区别是口径和相应的弹匣类型。AK-102最大的特点是缩短了枪管，使其成为一种介于全尺寸型步枪和紧凑卡宾枪之间的混合型态。

AK-102非常轻巧，主要原因是用能够防震的现代化复合工程塑料取代了旧型号所采用的木材。这种新型塑料结构不但能够应对各种恶劣的气候，而且还可以抵御锈蚀。当然，塑料结构最大的特点是重量更轻。

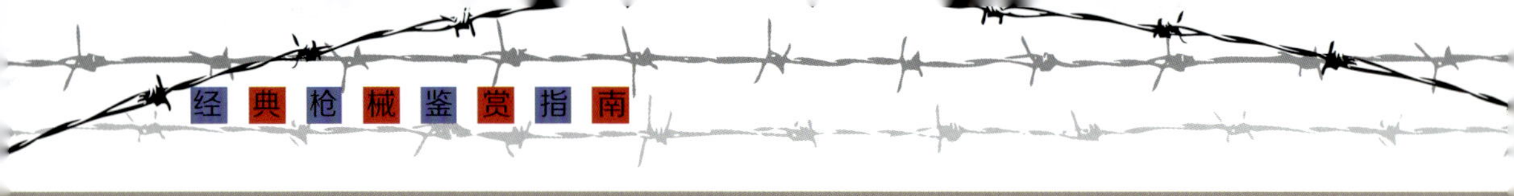

俄罗斯 AK-103 突击步枪

英文名称：AK-103

研制国家：俄罗斯

类型：突击步枪

制造厂商：伊兹马什公司

枪机种类：转栓式枪机

服役时间：2006年至今

主要用户：俄罗斯、巴基斯坦等

基本参数	
口径	7.62毫米
全长	943毫米
枪管长	415毫米
空枪重量	3.4千克
有效射程	500米
枪口初速	750米/秒
弹容量	30发

AK-103是俄罗斯生产的现代化突击步枪，主要为出口市场而设计，拥有数量庞大的用户，其中包括俄罗斯军队，不过目前只是少量装备。

AK-103突击步枪与AK-74M突击步枪非常相似，它采用现代化复合工程塑料技术，装有415毫米枪管，可加装瞄准镜及榴弹发射器，且有AK-74式枪口制退器。不过，该枪与AK-74M不同的是，它发射7.62 × 39 毫米弹药。AK-103在重量、后坐力和精准度方面做了极大改进，后坐力更小，精准度也有极大飞跃，其子弹也可以与AK-47和AKM通用,是AK枪族中的优秀成员之一。

俄罗斯 AK-104 突击步枪

英文名称：AK-104
研制国家：俄罗斯
类型：突击步枪
制造厂商：伊兹马什公司
枪机种类：转栓式枪机
服役时间：2001年至今
主要用户：俄罗斯

基本参数	
口径	7.62毫米
全长	824毫米
枪管长	314毫米
空枪重量	3千克
有效射程	500米
枪口初速	670米/秒
弹容量	30发

AK-104突击步枪是俄罗斯生产的AK-74M突击步枪的缩短版本，主要是替代AKS-74U和解决狭小空间及城市内特种作战的武器选择。AK-104出口的数量也相当多，包括也门、不丹和委内瑞拉等。

AK-104最大的特点在于缩短了枪管，使其成为一种全尺寸型步枪和更紧凑的AKS-74U卡宾枪之间的一种混合型态。该枪与AK-102突击步枪在结构和外形上极为相似，两者最大的区别在于口径，AK-102突击步枪发射5.56 × 45毫米弹药，而AK-104突击步枪则发射7.62 × 39毫米弹药。

俄罗斯 AK-105 突击步枪

英文名称：AK-105
研制国家：俄罗斯
类型：突击步枪
制造厂商：伊兹马什公司
枪机种类：转栓式枪机
服役时间：2001年至今
主要用户：俄罗斯

基本参数	
口径	5.45毫米
全长	824毫米
枪管长	314毫米
空枪重量	3千克
有效射程	500米
枪口初速	840米/秒
弹容量	30发、弹鼓60发、100发

AK-105是俄罗斯生产的AK-74M突击步枪的缩短版本，用于补充一部分在俄罗斯陆军服役的AKS-74U卡宾枪的耗损空缺。此外，该枪还被亚美尼亚军队采用，于2010年购入480支。

AK-105非常轻便，其主要原因是用能够防震的现代化复合工程塑料取代了旧型号所采用的木材。这种新型塑料结构不但能够应对各种恶劣的气候，而且还可以抵御锈蚀。AK-105可拆式的黑色弹匣由玻璃钢制成，有轻巧耐用的特点。枪托由聚合物塑料制成，内部为附件储存室，可将清洁枪支的工具盒储存在枪托内部。此外，该枪还安装有AKS-74U型枪口消焰器，并能加装瞄准镜。

俄罗斯 AK-12 突击步枪

英文名称：AK-12
研制国家：俄罗斯
类型：突击步枪
制造厂商：伊兹马什公司
枪机种类：转栓式枪机
服役时间：2014年至今
主要用户：俄罗斯

基本参数	
口径	5.45毫米
全长	945毫米
枪管长	415毫米
空枪重量	3.3千克
有效射程	800米
枪口初速	900米/秒
弹容量	30发、弹鼓60发、100发

AK-12是伊兹马什公司针对AK枪族的常见缺陷而改进的现代化突击步枪。与以往的AK系列步枪相比，AK-12突击步枪在部分结构和细节上进行了重新设计。其中，最大的改进是将战术导轨整合到护木上，从而能够安装多种模块化的战术配件。此外，AK-12还在机匣盖后端和照门位置增加了固定装置，用于安装战术导轨桥架，以避免射击时出现跳动现象。

AK-12突击步枪还改进了枪管膛线，枪管制造精度和结构设计都有所改善，以提高精度以及降低后坐力和枪口上扬。枪口上装有细长的新型枪口制退器，具有发射多种枪榴弹的能力。AK-12的枪托既可以折叠，又具有四段伸缩位置以调节长度。枪托上有托腮板和可调节的枪托底板。

▲ 早期AK-12突击步枪原型枪

▼ AK-12突击步枪部分组件图

俄罗斯 SR-3 突击步枪

英文名称：SR-3
研制国家：俄罗斯
类型：突击步枪
制造厂商：中央研究精密机械制造局
枪机种类：转栓式枪机
服役时间：1996年至今
主要用户：俄罗斯

基本参数	
口径	9毫米
全长	610毫米
枪管长	156毫米
空枪重量	2千克
有效射程	200米
枪口初速	295米/秒
弹容量	10发、20发、30发

SR-3是由俄罗斯中央研究精密机械制造局研制并生产的一款9毫米口径紧凑型全自动突击步枪。SR-3被俄罗斯联邦安全局、俄罗斯联邦警卫局等部门正式采用，主要用于保护重要人员。

SR-3采用上翻式调节的机械瞄准具，射程分别设定为攻击100米和200米以内的目标，准星和照门都装有护翼以防损坏。但由于该枪的瞄准基线过短，且亚音速子弹的飞行轨弯曲度太大，所以实际用途与冲锋枪相近，令其实际有效射程仅为100米。不过，这种9×39毫米亚音速步枪弹的贯穿力还是比冲锋枪和短枪管卡宾枪强上许多，能在200米距离上贯穿8毫米厚的钢板。

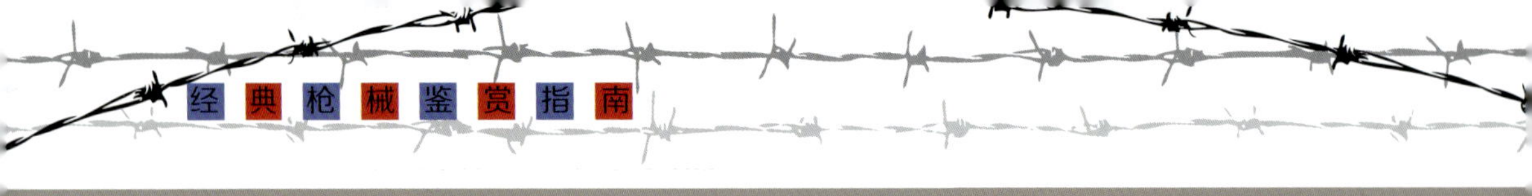

俄罗斯SVU狙击步枪

英文名称：Dragunov SVU
研制国家：俄罗斯
类型：狙击步枪
制造厂商：运动及狩猎武器中央设计研究局
枪机种类：三锁耳转栓式枪机
服役时间：1994年至今
主要用户：俄罗斯、伊拉克等

Firearms ★★☆

基本参数	
口径	7.62毫米
全长	870毫米
枪管长	520毫米
空枪重量	3.6千克
有效射程	800米
枪口初速	800米/秒
弹容量	10发

SVU是以SVD狙击步枪为蓝本研制和生产的无托结构狙击步枪，是SVD的无托结构配置版本，SVU在车臣战争期间被首次使用。最初的计划是稍微对老化的SVD做现代化改造，但设计师最终意识到该武器的配置会被完全改变，因而研制出SVU。

SVU狙击步枪采用犊牛式设计，枪身全长缩短至870毫米。由于枪身缩短，照门与准星均改为折叠式，以免干扰PSO-1瞄准镜操作。虽然7.62×54R子弹威力绰绰有余，但是为了抑制反冲并增加射击稳定度，SVU的枪口制动器采用三重挡板设计并且能够与抑制器整合在一起。为适合在近距离战斗中使用，在枪口上还有特制的消声消焰装置。

俄罗斯 AN-94 突击步枪

英文名称：AN-94
研制国家：俄罗斯
类型：突击步枪
制造厂商：伊热夫斯克兵工厂
枪机种类：气动式
服役时间：1997年至今
主要用户：俄罗斯

基本参数	
口径	5.45毫米
全长	943毫米
枪管长	405毫米
空枪重量	3.85千克
最大射程	700米
枪口初速	900米/秒
弹容量	30发、45发、弹鼓60发

AN-94是俄罗斯现役现代化小口径突击步枪，由根纳金·尼科诺夫于1994年研制，1997年开始服役。

AN-94的精准度极高，在100米距离上站姿无依托连发射击时，头两发弹着点距离不到2厘米，远胜于SVD狙击步枪发射专用狙击弹的效果，甚至不逊于以高精度著称的SV98狙击步枪。但这种高精准度却并非所有士兵都需要，对于俄罗斯普通士兵来说，AN-94的两发点射并没有多大帮助。而且现代战争中突击步枪多用于火力压制，AN-94与AK-74所发挥的作用并没有太多差别。

俄罗斯 SV-98 狙击步枪

英文名称：SV-98

研制国家：俄罗斯

类型：狙击步枪

制造厂商：伊热夫斯克兵工厂

枪机种类：旋转后拉式枪机

服役时间：1998年至今

主要用户：俄罗斯

基本参数	
口径	7.62毫米
全长	1200毫米
枪管长	650毫米
空枪重量	5.8千克
有效射程	1000米
枪口初速	820米/秒
弹容量	10发

SV-98是由俄罗斯枪械设计师弗拉基米尔·斯朗斯尔研制、伊热夫斯克兵工厂生产的手动狙击步枪，以高精度著称。SV-98的射击精度远高于发射同种枪弹的SVD，甚至不逊于以高精度闻名的奥地利TPG-1狙击步枪。不过，SV-98保养比较烦琐，使用寿命较短。

SV-98狙击步枪的战术定位专一而明确：专供特种部队、反恐部队及执法机构在反恐行动、小规模冲突以及抓捕要犯、解救人质等行动中使用，以隐蔽、突然的高精度射击火力狙杀白天或低照度条件下1000米以内、夜间500米以内的重要有生目标。

俄罗斯 VSK-94 狙击步枪

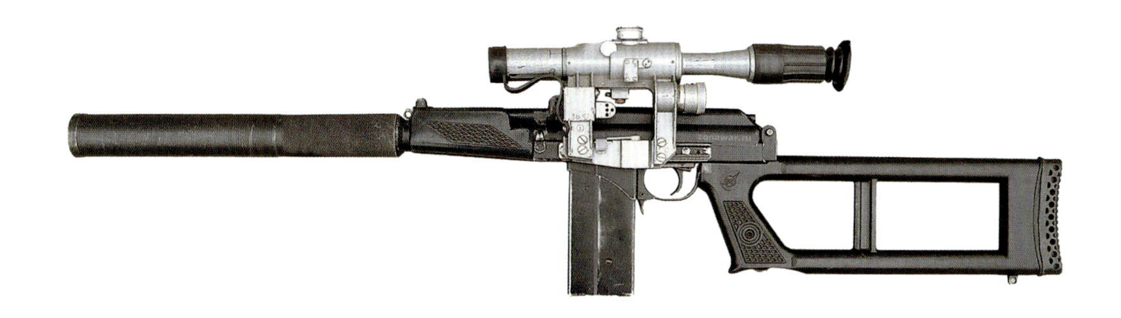

英文名称：VSK-94

研制国家：俄罗斯

类型：狙击步枪

制造厂商：KBP仪器设计局

枪机种类：转栓式枪机

服役时间：1994年至今

主要用户：俄罗斯

基本参数	
口径	9毫米
全长	932毫米
全宽	83毫米
空枪重量	2.8千克
有效射程	400米
枪口初速	270米/秒
弹容量	20发

VSK-94是俄罗斯研制的一种小型微声狙击步枪，体积娇小，非常适合特种部队使用，所以该枪在俄罗斯特种部队有很高的声誉。

VSK-94发射9 × 39毫米子弹，能准确地对400米距离内的所有目标发动突击。该枪能安装高效消声器，以便在射击时减小噪音，还能完全消除枪口火焰，能大大提高射手的隐蔽性和攻击的突然性。VSK-94的消音效果极好，在50米的距离上，它的枪声几乎是听不见的。

英国L42A1狙击步枪

英文名称：Lee-Enfield L42A1
研制国家：英国
类型：狙击步枪
制造厂商：恩菲尔德兵工厂
枪机种类：旋转后拉式枪机
服役时间：1970年至今
主要用户：英国

基本参数	
口径	7.62毫米
全长	1181毫米
枪管长	699毫米
空枪重量	4.42千克
有效射程	914米
枪口初速	838米/秒
弹容量	10发

L42A1是在李-恩菲尔德No.4 Mk I (T)狙击步枪的基础上变换口径而成，1970年开始批量生产并进入英国军队服役。与此同时，英国皇家轻武器工厂也改装了L42A1的民用型，被称为“强制者”（Enforcer），不但被民间用于射击比赛，也被英国的警察部队所装备。

早期的枪管采用传统的恩菲尔德膛线，后来改为梅特福膛线，所以后期的枪管比较便宜和容易生产。L42A1使用恩菲尔德式弹匣抛壳挺，抛壳挺位于弹匣口后左侧的边缘上。这样的设计使机匣内的固定抛壳挺显得多余。另外机匣也稍加改变，以使新的弹匣插入后能准确定位并保证供弹可靠。

英国 AS50 狙击步枪

英文名称：Arctic Semi-automatic 50

研制国家：英国

类型：狙击步枪

制造厂商：英国精密国际公司

枪机种类：半自动偏移式枪机

服役时间：2007年至今

主要用户：英国、美国、澳大利亚等

Firearms ★★★

基本参数	
口径	12.7毫米
全长	1369毫米
枪管长	692毫米
空枪重量	12.3千克
有效射程	1500米
枪口初速	800米/秒
弹容量	5发、10发

AS50是精密国际研制的重型半自动狙击步枪（反器材步枪），也是AW的衍生型之一，主要用以打击敌方物资和无装甲或轻装甲作战装备的敌人。

AS50狙击步枪采用了气动式半自动枪机和枪口制动器，令AS50发射时能感受到的后坐力比AW50手动枪机狙击步枪低，并能够更快地狙击下一个目标。AS50还具有可运输性高，符合人体工程学和轻便等优点。它可以在不借助任何工具的情况下于3分钟之内完成分解或重新组装。据说，AS50可以对超过1500米距离的目标进行精确狙击，精度不低于1.5MOA。

德国 Kar98k 半自动步枪

英文名称：Karabiner 98k
研制国家：德国
类型：半自动步枪
制造厂商：毛瑟公司
枪机种类：闭锁式机构
服役时间：1935年至今
主要用户：德国、法国、加拿大等

基本参数	
口径	7.92毫米
全长	1110毫米
枪管长	600毫米
空枪重量	3.7千克
有效射程	500米
枪口初速	760米/秒
弹容量	5发

Kar98k是由Gew 98毛瑟步枪改进而来的半自动步枪，它是二战中德国军队广泛装备的制式步枪，也是战争期间产量最多的轻武器之一。

Kar98k步枪的用途较多，可加装4倍、6倍光学瞄准镜作为狙击步枪投入使用。Kar98k狙击步枪共生产了近13万支并装备部队，还有相当多精度较好的Kar98k被挑选出来改装成狙击步枪。此外，Kar98k还可以加装枪榴弹发射器以发射枪榴弹。这些特性使Kar98k成为德军在二战中期间使用最广泛的步枪。

德国 StG44 突击步枪

英文名称：Sturmgewehr 44	
研制国家：德国	
类型：突击步枪	
制造厂商：黑内尔公司	
枪机种类：偏移式闭锁	
服役时间：1944～1945年	
主要用户：德国、波兰、叙利亚等	

基本参数	
口径	7.92毫米
全长	940毫米
枪管长	419毫米
空枪重量	4.62千克
有效射程	300米
枪口初速	685米/秒
弹容量	30发

StG44是德国在二战时期研制并装备的一款突击步枪，是首先使用了短药筒的中间型威力枪弹并大规模装备的自动步枪，为现代步兵史上划时代的成就之一。

StG44突击步枪具有冲锋枪的猛烈火力，连发射击时后坐力小易于掌握，在400米距离内拥有良好的射击精度，威力也接近普通步枪弹，且重量较轻，便于携带。该枪成功地将步枪与冲锋枪的特性相结合，受到德国前线部队的广泛好评。

德国 HK G3 突击步枪

英文名称：HK G3
研制国家：德国
类型：突击步枪
制造厂商：HK公司
枪机种类：滚轮延迟反冲式
服役时间：1959年至今
主要用户：德国、美国、英国等

基本参数	
口径	7.62毫米
全长	1026毫米
枪管长	450毫米
空枪重量	4.41千克
有效射程	700米
枪口初速	800米/秒
弹容量	5发、10发、20发

G3是德国HK公司于20世纪50年代以StG45步枪为基础所改进的现代化自动步枪，是世界上制造数量最多、使用最广泛的自动步枪之一。

G3采用半自由枪机式工作原理，零部件大多是冲压件，机加工件较少。机匣为冲压件，两侧压有凹槽，起导引枪机和固定枪尾套的作用。枪管装于机匣之中，并位于机匣的管状节套的下方。管状节套点焊在机匣上，里面容纳装填杆和枪机的前伸部。装填拉柄在管状节套左侧的导槽中运动，待发时可由横槽固定。该枪采用机械瞄准具，并配有光学瞄准镜和主动式红外瞄准具。

德国HK G36突击步枪

英文名称：HK G36
研制国家：德国
类型：突击步枪
制造厂商：HK公司
枪机种类：转栓式枪机
服役时间：1997年至今
主要用户：德国、美国、英国等

基本参数	
口径	5.56毫米
全长	999毫米
枪管长	480毫米
空枪重量	3.63千克
有效射程	800米
枪口初速	920米/秒
弹容量	30发、弹鼓100发

G36是德国HK公司在20世纪末推出的现代化突击步枪，是德国联邦国防军自1997年以来的制式步枪。

G36大量使用高强度塑料，质量较轻、结构合理、操作方便，“模块化”设计大大提高了它的战术性能。其模块化优势体现在，只用一个机匣，变换枪管、前护木就能组合成MG36轻机枪、G36C短突击步枪、G36E出口型、G36K特种部队型和G36标准型等多种不同用途的突击步枪。由于步枪的射击活动部件大都在机匣内，多种枪型使用同一机匣，步枪的零配件大为减少。在战场上，轻机枪的枪机打坏了，换上短突击步枪的枪机就可以使用。

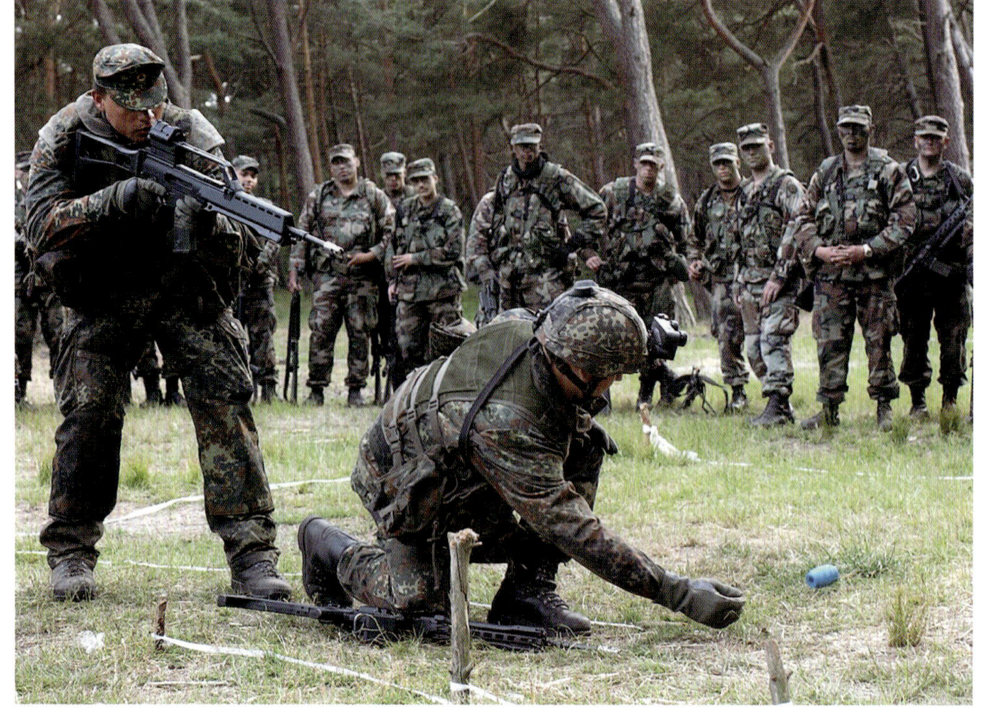

▲ 士兵用G36突击步枪进行训练

▼ 配有透明弹匣的HK G36突击步枪

德国 HK416 突击步枪

英文名称：HK416

研制国家：德国

类型：突击步枪

制造厂商：HK公司

枪机种类：转栓式枪机

服役时间：2005年至今

主要用户：德国、美国、英国等

基本参数	
口径	5.56毫米
全长	797毫米
枪管长	264毫米
空枪重量	3.02千克
有效射程	850米
枪口初速	788米/秒
弹容量	20发、30发

HK416是HK公司结合HK G36突击步枪和M4卡宾枪的优点设计成的一款突击步枪。采用短冲程活塞传动式系统，枪管由冷锻碳钢制成，拥有很强的寿命。该枪的机匣及护木设有共5条战术导轨以安装附件，采用自由浮动式前护木，整个前护木可完全拆下，改善空枪重量分布。

枪托底部设有降低后坐力的缓冲塑料垫，机匣内有泵动活塞缓冲装置，有效减少后坐力和污垢对枪机运动的影响，从而提高武器的可靠性，另外也设有备用的新型金属照门。HK416还配有只能发射空包弹的空包弹适配器，以杜绝误装实弹而引发的安全事故。

▲ HK416突击步枪正面特写

▼ 正在使用HK416突击步枪执行任务的士兵

德国 HK417 精确射手步枪

英文名称：HK417
研制国家：德国
类型：精确射手步枪
制造厂商：HK公司
枪机种类：转栓式枪机
服役时间：2005年至今
主要用户：德国、美国、英国等

基本参数	
口径	7.62毫米
全长	1085毫米
枪管长	508毫米
空枪重量	4.23千克
有效射程	700米
枪口初速	789米/秒
弹容量	10发、20发

HK417是德国HK公司所推出的7.62毫米步枪，具有准确度高和可靠性高等优点，主要作为精确射手步枪，用于与狙击步枪作高低搭配，必要时仍可作全自动射击。HK417系列目前已装备世界各国多个军警单位，大多作为狙击步枪或精确射手步枪用途。

HK417采用短冲程活塞传动式系统，比AR-10、M16及M4的导气管传动式更可靠，有效减低维护次数，从而提高效能。早期的HK417采用来自HK G3、没有空仓挂机功能的20发金属弹匣，后期改用了类似HK G36的半透明聚合塑料弹匣，这种弹匣除了具空枪挂机功能外，更可直接并联相同弹匣而无需外加弹匣并联器。

德国 HK G28 狙击步枪

英文名称：HK G28

研制国家：德国

类型：狙击步枪

制造厂商：HK公司

枪机种类：转栓式枪机

服役时间：2011年至今

主要用户：德国、法国、波兰等

Firearms

基本参数	
口径	7.62毫米
全长	1082毫米
枪管长	420毫米
空枪重量	5.8千克
有效射程	800米
枪口初速	785 米 / 秒
弹容量	10发、20发

G28狙击步枪实际上是民用比赛型步枪MR308的衍生型，在2011年10月法国巴黎召开的国际军警保安器材展上首次公开展出，其后再在2012年1月位于美国内华达州拉斯维加斯举办的SHOT Show上推出。G28主要用于装备部队特等射手，以弥补5.56 × 45毫米 NATO口径步枪在400米以上杀伤力空白。

G28狙击步枪采用短冲程活塞传动式系统，比AR-10、M16及M4的导气管传动式更可靠，有效减低维护次数，从而提高效能。该枪的枪管并非自由浮置式，但护木则是自由浮置式结构。这样的结构设计也是为了尽量减少外部零件对枪管的影响，以提高射击精度。

德国 PSG-1 狙击步枪

英文名称：PSG-1
研制国家：德国
类型：狙击步枪
制造厂商：HK公司
枪机种类：滚轮延迟反冲式
服役时间：1972年至今
主要用户：德国、奥地利、澳大利亚等

Firearms

基本参数	
口径	7.62毫米
全长	1200毫米
枪管长	650毫米
空枪重量	8.1千克
有效射程	1000米
枪口初速	868米/秒
弹容量	5发、20发

PSG-1是德国HK公司研制的半自动狙击步枪，是世界上最精确的狙击步枪之一。该枪精准度高、威力大，但不适合移动使用，主要作用于远程保护。

PSG-1的精度极佳，出厂试验时每一支步枪都要在300米距离上持续射击50发子弹，而弹着点必须散布在直径8厘米的范围内。这些优点使PSG-1受到广泛赞誉，通常和精锐狙击作战单位联系在一起。PSG-1的缺点在于重量较大，不适合移动使用。此外，其子弹击发之后弹壳弹出的力量相当大，据说可以弹出10米之远。虽然对于警方的狙击手来说不是个问题，但很大程度上限制了其在军队的使用，因为这很容易暴露狙击手的位置。

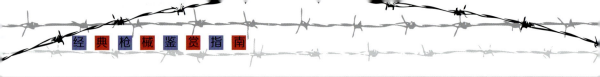

德国 MSG90 狙击步枪

英文名称：MSG90

研制国家：德国

类型：狙击步枪

制造厂商：HK公司

枪机种类：滚轮延迟反冲式

服役时间：1990年至今

主要用户：德国、美国、泰国等

Firearms

基本参数	
口径	7.62毫米
全长	1165毫米
枪管长	600毫米
空枪重量	6.4千克
有效射程	800米
枪口初速	800米/秒
弹容量	5发、20发

MSG90是德国HK公司研制的半自动军用狙击步枪。该枪采用了直径较小、重量较轻的枪管，在枪管前端接有一个直径22.5毫米的套管，以增加枪口的重量，在发射时抑制枪管振动。另外，由于套管的直径与PSG-1的枪管一样，所以MSG90可以安装PSG-1所用的消声器。

MSG90未装机械瞄准具，只配有放大率为12倍的瞄准镜，其分划为100~800米。机匣上还配有瞄准具座，可以安装任何北约制式夜视瞄准具或其他光学瞄准镜。和PSG-1一样，MSG90也可以选用两脚架或三脚架支撑射击，虽然三脚架更加稳定，但作为野战步枪，两脚架会比较适合。

德国 DSR-1 狙击步枪

英文名称：Defensive Sniper Rifle No.1

研制国家：德国

类型：狙击步枪

制造厂商：DSR精密公司

枪机种类：旋转后拉式枪机

服役时间：2000年至今

主要用户：德国、奥地利等

Firearms ★★★

基本参数	
口径	7.62毫米
全长	990毫米
枪管长	650毫米
空枪重量	5.9千克
有效射程	800~1500米
枪口初速	340米/秒
弹容量	4发、5发

DSR-1是由德国DSR精密公司（DSR-Precision GmbH）研制的紧凑型无托狙击步枪，主要供警方神射手使用。

DSR-1狙击步枪大量采用了高技术材料，如铝合金、钛合金、高强度玻璃纤维复合材料，既减轻了重量，又保证了武器的坚固性和可靠性。该枪的精度很高，据说能小于0.2MOA。对于旋转后拉式步枪来说，采用无托结构由于拉机柄的位置太靠后，造成拉动枪机的动作幅度较大和用时较长，但由于DSR-1的定位是警用狙击步枪，强调首发命中而非射速，用在正确的场合时这个缺点并不明显。

德国WA 2000狙击步枪

英文名称：Walther WA 2000
研制国家：德国
类型：狙击步枪
制造厂商：卡尔·瓦尔特公司
枪机种类：滚转式枪机
服役时间：1982年至今
主要用户：德国

基本参数	
口径	7.62毫米
全长	905毫米
枪管长	650毫米
空枪重量	7.35千克
有效射程	800米
枪口初速	980米/秒
弹容量	6发

WA 2000高精度狙击步枪由卡尔·瓦尔特公司于20世纪70年代末至80年代初研制，是完全以军警狙击手需要为唯一目标的全新设计。1982年首次亮相，其后被德国和几个欧洲国家的特警单位少量采用，目前已停产。

WA 2000在设计时考虑到能对多个目标进行远距离打击的需要，因此并没有采用手动装填，而是采用半自动装填。一般半自动狙击步枪的射击精度会比手动狙击步枪要低一些，但由于WA 2000生产质量极高，射击精度丝毫不逊于手动狙击步枪。

德国黑内尔 RS9 狙击步枪

- **英文名称：** Haenel RS9
- **研制国家：** 德国
- **类型：** 狙击步枪
- **制造厂商：** 黑内尔公司
- **枪机种类：** 旋转后拉式枪机
- **服役时间：** 2016年至今
- **主要用户：** 德国

基本参数	
口径	8.6毫米
全长	1275毫米
枪管长	690毫米
空枪重量	7.54千克
有效射程	1500米
枪口初速	1002米/秒
弹容量	10发

RS9狙击步枪是一种中程手动狙击步枪，被德国联邦国防军选用并被命名为G29狙击步枪，用以替代此前装备的G22狙击步枪（即精密国际AWM）。RS9的设计理念强调人体工程学和模块化，射手无需借助任何工具即可根据自身需求和作战环境对步枪进行快速调整。

RS9狙击步枪的枪管采用冷锻工艺制造，并采用自由浮置式设计，标准膛线缠距为254毫米。枪口配备接口，可安装制退器或消焰器，必要时还可更换为战术消音器。从机匣延伸至护木顶部的是一条全尺寸STANAG 4694北约标准导轨，此外，护木上方的环状包覆部分以及骨骼化前托两侧还设有四条较短的北约标准导轨，用于安装额外的附件。枪托部分配备可调节的底板，并在底部安装了可调节高度的驻锄，以满足不同射手的使用需求。

法国FAMAS突击步枪

英文名称：FAMAS

研制国家：法国

类型：突击步枪

制造厂商：
地面武器工业公司（GIAT）

枪机种类：杠杆延迟反冲式

服役时间：1975年至今

主要用户：法国

基本参数	
口径	5.56毫米
全长	757毫米
枪管长	488毫米
空枪重量	3.8千克
有效射程	450米
枪口初速	925米/秒
弹容量	25发

FAMAS是由法国轻武器专家保罗·泰尔于1967年开始研制，是法国军队及警队的制式突击步枪，也是世界上著名的无托式步枪之一。FAMAS在1991年参与了“沙漠风暴”行动及其他维持和平行动，法国军队认为FAMAS在战场上非常可靠。不管是在近距离的突发冲突还是中远距离的点射，FAMAS都有着优良的表现。该枪有单发、三发点射和连发三种射击方式，射速较快，弹道非常集中。

FAMAS不需要安装附件即可发射枪榴弹，GIAT还专门研究了有俘弹器的枪榴弹，因此不需要专门换空包弹就可以直接用实弹发射。不过，FAMAS的子弹太少，火力持续性差。瞄准基线较高，如果加装瞄准镜会更高，不利于隐蔽。

法国 FR-F1 狙击步枪

英文名称：
Bolt-action Rifle，F1 Model
研制国家：法国
类型：狙击步枪
制造厂商：地面武器工业公司
枪机种类：手动枪机
服役时间：1965年至今
主要用户：法国

Firearms

基本参数	
口径	7.5毫米，7.62毫米
全长	1200毫米
枪管长	650毫米
空枪重量	5.2千克
有效射程	800米
枪口初速	780米/秒
弹容量	10发

FR-F1是法国GIAT在MAS 36手动步枪和MAS 49/56半自动步枪的基础上改进而来的狙击步枪，曾是法国军队的制式武器，主要是作为步兵分队的中、远程狙击武器，打击重点目标。

FR-F1只能进行单发射击。枪口装有兼作制动器的消焰装置。由于FR-F1有两种口径，为了方便部队使用，在发射不同枪弹的步枪的机匣左侧刻有“7.5毫米”或“7.62毫米”字样，以示区别。该枪的枪托用胡桃木制成，底部有硬橡胶托底板。

法国 FR-F2 狙击步枪

英文名称：Bolt-action Rifle, F2 model
研制国家：法国
类型：狙击步枪
制造厂商：地面武器工业公司
枪机种类：旋转后拉式枪机
服役时间：1985年至今
主要用户：法国

基本参数	
口径	7.62毫米
全长	1200毫米
枪管长	650毫米
空枪重量	5.3千克
有效射程	800米
枪口初速	820米/秒
弹容量	10发

FR-F2是FR-F1狙击步枪的改进型，由于FR-F2的射击精度很高，从20世纪90年代开始便成为法国反恐怖部队的主要装备之一，用于在较远距离上打击重要目标，如恐怖分子中的主要人物、劫持人质的要犯等。

FR-F2狙击步枪的基本结构如枪机、机匣、发射机构都与FR-F1一样。主要改进之处是改善了武器的人机工效，如在前托表面覆盖无光泽的黑色塑料；两脚架的架杆由两节伸缩式架杆改为三节伸缩式架杆，以确保枪在射击时的稳定，有利于提高命中精度。

意大利伯莱塔ARX160突击步枪

英文名称：Beretta ARX160
研制国家：意大利
类型：突击步枪
制造厂商：伯莱塔公司
枪机种类：转栓式枪机
服役时间：2008年至今
主要用户： 意大利、阿根廷、埃及、泰国等

基本参数	
口径	5.45毫米、5.56毫米、6.8毫米、7.62毫米
全长	914毫米
枪管长	406毫米
空枪重量	3.1千克
有效射程	600米
枪口初速	920米/秒
弹容量	30发、100发

ARX160突击步枪是意大利军队的制式装备，是“未来士兵”计划的重要组成部分。该步枪具备极高的灵活性，通过更换枪管等关键部件，能够兼容5.56×45毫米、5.45×39毫米、6.8×43毫米、7.62×35毫米和7.62×39毫米五种不同口径的弹药。

ARX160突击步枪以其出色的人体工程学设计闻名，尤其在手枪握把上方及机匣两侧的保险和快慢机设计上，这些控制装置能够轻松通过拇指操作。快慢机提供三种模式：保险、半自动和全自动，以满足多样化的作战需求。尽管ARX160的枪身厚度略大于普通突击步枪，外观更为饱满，但其大量采用的合成材料有效降低了空枪重量，使其在保持优异性能的同时，也具备了良好的便携性。

奥地利 AUG 突击步枪

英文名称：AUG

研制国家：奥地利

类型：突击步枪

制造厂商：斯泰尔·曼利夏公司

枪机种类：转栓式枪机

服役时间：1979年至今

主要用户：奥地利、美国、英国等

基本参数	
口径	5.56毫米
全长	790毫米
枪管长	508毫米
空枪重量	3.6千克
有效射程	500米
枪口初速	970米/秒
弹容量	30发

AUG是由奥地利斯泰尔·曼利夏（Steyr Mannlicher）公司于1977年推出的军用自动步枪，它是史上首次正式列装、实际采用犊牛式设计的军用步枪。

AUG将以往多种已知的设计理念聪明地组合起来，结合成一个可靠美观的整体。它是当时少数拥有模组化设计的步枪，其枪管可快速拆卸，并可与枪族中的长管、短管、重管互换使用。在奥地利军方的对比试验中，AUG的性能表现可靠，而且在射击精度、目标捕获和全自动射击的控制方面表现优秀，与FN CAL（比利时）、Vz58（捷克）、M16A1（美国）等著名步枪相比毫不逊色。

奥地利 TPG-1 狙击步枪

英文名称：Unique Alpine TPG-1
研制国家：奥地利
类型：狙击步枪
制造厂商：尤尼科 · 阿尔皮纳公司
枪机种类：旋转后拉式枪机
服役时间：2000年至今
主要用户：匈牙利警察部门

基本参数	
口径	8.59毫米
全长	1230毫米
枪管长	650毫米
空枪重量	6.2千克
最大射程	1500米
弹容量	5发

TPG-1是奥地利尤尼科 · 阿尔皮纳公司生产的模块化、多种口径设计、高度战术应用的竞赛型手动狙击步枪。除了极高的射击精度，TPG-1狙击步枪的最大特点就是模块化。

TPG-1枪托是聚合物制成的，并且是可调式的。护木下装有两脚架，上机匣设有皮卡汀尼导轨，可以安装各种光学瞄准镜。比赛级的枪管前面通常装有高效的制动器，某些型号还有带消音器的短枪管可选。TPG-1具有不同口径的多种型号，通过更换枪管和枪机组件即可快速实现不同型号之间的转换。

奥地利SSG 04狙击步枪

英文名称：SSG 04
研制国家：奥地利
类型：狙击步枪
制造厂商：斯泰尔·曼利夏公司
枪机种类：旋转后拉式枪机
服役时间：2004年至今
主要用户：俄罗斯、爱尔兰等

Firearms ★★★

基本参数	
口径	7.62毫米
全长	1175毫米
枪管长	600毫米
空枪重量	4.9千克
有效射程	800米
枪口初速	860米/秒
弹容量	8发、10发

SSG 04是奥地利斯泰尔·曼利夏公司在SSG 69基础上研制的旋转后拉式枪机狙击步枪，目前，爱尔兰警察加尔达紧急应变小组和俄罗斯海军空降特种部队都采用了SSG 04。

SSG 04狙击步枪采用浮置式重型枪管，枪口装有制动器。整支枪的外部经过黑色磷化处理，以改进外貌、增强耐久性、提高抗腐蚀性以及加强抗脱色能力以减少在夜间行动时会被发现的机会。该枪使用工程塑料制成的枪托，配备可调整高低的托腮板和枪托底板以适合使用者身材。枪托表面去除了SSG 69的花纹，令握持更舒适。

奥地利 SSG 69 狙击步枪

英文名称：SSG 69
研制国家：奥地利
类型：狙击步枪
制造厂商：斯泰尔·曼利夏公司
枪机种类：旋转后拉式枪机
服役时间：1970年至今
主要用户：法国、德国、奥地利等

基本参数	
口径	7.62毫米
全长	1140毫米
枪管长	650毫米
空枪重量	3.9千克
有效射程	800米
枪口初速	860米/秒
弹容量	5发

SSG 69是奥地利斯泰尔·曼利夏公司研制的旋转后拉式枪机狙击步枪，目前是奥地利陆军的制式狙击步枪，也被不少执法机关所采用。

SSG 69枪托用合成材料制成，托底板后面的缓冲垫可以拆卸，因此枪托长度可以调整。供弹具为曼利夏运动步枪和军用步枪使用多年的旋转式弹仓，可装弹5发。SSG 69无论在战争还是大大小小的国际比赛之中都证明了它是一支非常精确的步枪，因为SSG 69的精准度大约是0.5MOA，大大超出奥地利军队最初提出的狙击步枪设计指标。

奥地利 Scout 狙击步枪

英文名称：Steyr Scout

研制国家：奥地利

类型：狙击步枪

制造厂商：斯泰尔·曼利夏公司

枪机种类：旋转后拉式枪机

服役时间：1983年至今

主要用户：奥地利、美国等

Firearms

基本参数	
口径	7.62毫米
全长	1039毫米
枪管长	415毫米
空枪重量	3.3千克
有效射程	300~400米
枪口初速	840米/秒
弹容量	5发、10发

20世纪80年代，美国海军陆战队退役的枪械专家杰夫·库珀提出了一种叫做“向导步枪”（General-Purpose Rifle）的构思，并定义出这种命名为“Scout Rifle”通用步枪的规格，包括便于携带、个人操作的武器，能击倒体重200千克的有生目标，最大长度为1米，总重不超过3千克等。90年代初，奥地利斯泰尔·曼利夏公司根据这一要求研制出Scout狙击步枪。

Scout狙击步枪的枪机头有4个闭锁凸笋，开锁动作平滑迅速。枪机尾部有待击指示器，当处于待击位置时向外伸出，夜间可以用手触摸到。Scout的枪托由树脂制成，重量很轻。枪托下有容纳备用弹匣的插槽和附件室，枪托前方有整体式两脚架，向下压脚架释放钮就可以打开两脚架。弹匣容量为5发，由合成树脂制成，弹匣两侧有卡笋。

奥地利 HS50 狙击步枪

英文名称：HS50

研制国家：奥地利

类型：狙击步枪

制造厂商：斯泰尔·曼利夏公司

枪机种类：旋转后拉式

服役时间：2004年至今

主要用户：奥地利

基本参数	
口径	12.7毫米
全长	1370毫米
枪管长	833毫米
空枪重量	12.4千克
有效射程	1500米
枪口初速	760米/秒
弹容量	1发

HS50是既可作远程狙击步枪使用，也可以作为反器材步枪使用，于2004年2月在拉斯维加斯的枪械展览会上首次公开展示。

HS50的机头采用双闭锁凸笋，两道火扳机的扳机力为1.8千克。重型枪管上有凹槽，配有高效制动器。枪托的长度可调，托腮板的高度可调。该枪没有机械瞄准具，只能通过皮卡汀尼导轨安装瞄准装置及整体式可折叠可调两脚架等附件。HS50采用非自动射击，没有采用弹匣供弹，一次只能装填一发子弹。

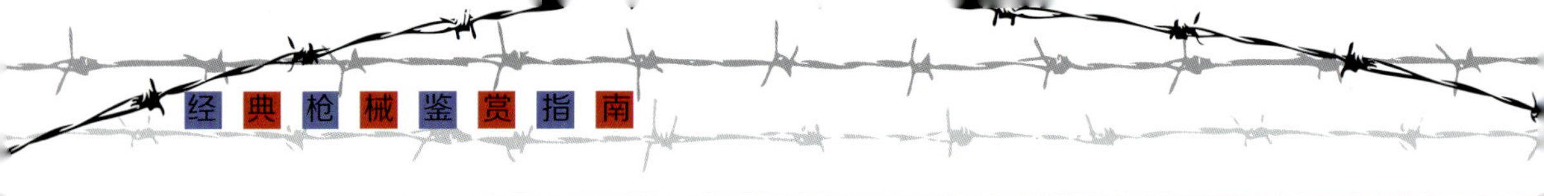

瑞士SIG SG 550突击步枪

英文名称：SIG SG 550
研制国家：瑞士
类型：突击步枪
制造厂商：SIG公司
枪机种类：转栓式枪机
服役时间：1986年至今
主要用户：瑞士、法国、德国等

基本参数	
口径	5.56毫米
全长	998毫米
枪管长	528毫米
空枪重量	4.05千克
有效射程	400米
枪口初速	905米/秒
弹容量	5发、10发、20发、30发

SG 550是由瑞士SIG公司于20世纪70年代研制的突击步枪，是瑞士陆军的制式步枪，也是世界上最精确的突击步枪之一。

SG 550采用导气式自动方式，子弹发射时的气体不是直接进入导气管，而是通过导气箍上的小孔，进入活塞头上面弯成90度的管道内，然后继续向前，抵靠在导气管塞子上，借助反作用力使活塞和枪机后退而开锁。SG 550大量采用冲压件和合成材料，大大减小了全枪质量。枪管用镍铬钢锤锻而成，枪管壁很厚，没有镀铬。消焰器长22毫米，其上可安装新型刺刀。标准型的SG 550有两脚架，以提高射击的稳定性。

▲ SG 550突击步枪拆解图

▼ 手持SG 550突击步枪的士兵

瑞士 SSG 2000 狙击步枪

英文名称：SSG 2000
研制国家：瑞士
类型：狙击步枪
制造厂商：SIG公司
枪机种类：旋转后拉式枪机
服役时间：1960年至今
主要用户：瑞士、德国、英国等

Firearms

基本参数	
口径	7.62毫米
全长	1210毫米
枪管长	610毫米
空枪重量	6.6千克
有效射程	1100米
枪口初速	750米/秒
弹容量	4发

SSG 2000是瑞士SIG公司以德国绍尔公司的Sauer 80/90靶枪为蓝本，于20世纪60年代为军队和执法部门研制的狙击步枪，目前仍有一部分在服役中。

SSG 2000狙击步枪的枪机后端有两个向外伸出的凸起，在拉机柄回转带动的凸轮作用下锁在机匣里。机体不回转，非常容易抽壳。这种设计使得枪机的角位移只有65度，装弹迅速而平稳，与大多数手动步枪不一样，该枪的弹仓在枪托中间，由下方装弹。SSG 2000采用锤锻而成的重枪管，内有锥形膛线，枪口装有消焰/制动器。推拉扳机为双动式，机匣前部有弹膛装弹指示，以指明膛内有弹。

瑞士 SSG 3000 狙击步枪

英文名称：SSG 3000

研制国家：瑞士

类型：狙击步枪

制造厂商：SIG公司

枪机种类：旋转后拉式枪机

服役时间：1997年至今

主要用户：瑞士、英国、泰国等

基本参数	
口径	7.62毫米
全长	1180毫米
枪管长	600毫米
空枪重量	5.44千克
有效射程	800米
枪口初速	830米/秒
弹容量	5发

SSG 3000是以Sauer 2000 STR比赛型狙击步枪为蓝本设计而成的警用狙击步枪，1997年开始生产，在欧洲及美国的执法机关和军队之中比较常见。

SSG 3000重枪管由碳钢冷锻而成，枪管外壁带有传统的散热凹槽，而枪口位置也带有圆形凹槽。SSG 3000可在枪管上面连上一条长织带遮蔽在枪管上方，其作用是可以防止枪管暴晒下发热，上升的热气在瞄准镜前方产生海市蜃楼，妨碍射手进行精确瞄准。SSG 3000的枪口装置具有制动及消焰功能，两道火扳机可以单/双动击发，其行程和扳机力可调整。

比利时FN FAL自动步枪

英文名称：Light Automatic Rifle
研制国家：比利时
类型：自动步枪
制造厂商：FN公司
枪机种类：短行程导气活塞
服役时间：1954年至今
主要用户：比利时、美国、英国等

基本参数	
口径	7.62毫米
全长	1090毫米
枪管长	533毫米
空枪重量	4.25千克
有效射程	650米
枪口初速	840米/秒
弹容量	20发

FAL是由比利时枪械设计师塞弗设计的自动步枪，是世界上最著名的步枪之一，曾是很多国家的制式装备。直到20世纪80年代后期，随着小口径步枪的兴起，许多国家的制式FAL才逐渐被替换。

FAL单发精度高，但由于使用的弹药威力大，射击时后坐力大使连发射击时难以控制，存在散布面较大的问题。不过瑕不掩瑜，由于FAL工艺精良、可靠性好，成为装备国家最广泛的军用步枪之一，FN公司直到20世纪80年代仍在生产。此外，在60～70年代，FAL是西方雇佣兵最爱的武器之一，因此被美国的雇佣兵杂志誉为“20世纪最伟大的雇佣兵武器之一”。

以色列加利尔突击步枪

英文名称：Galil
研制国家：以色列
类型：突击步枪
制造厂商：以色列IMI
枪机种类：转栓式枪机
服役时间：1972年至今
主要用户：以色列、巴西、美国等

基本参数	
口径	5.56毫米
全长	1112毫米
枪管长	509毫米
空枪重量	7.65千克
有效射程	600米
枪口初速	950米/秒
弹容量	25发

加利尔是以色列IMI于20世纪60年代末研制的一种步枪，目前仍在使用。加利尔系列步枪的设计是以芬兰Rk 62突击步枪的设计作为基础，并且改进其沙漠时的操作方式、装上M16A1的枪管、Stoner 63的弹匣和FN FAL的折叠式枪托，而Rk 62本身又是来自苏联AK-47突击步枪。

早期型加利尔的机匣是采用类似Rk 62的机匣，改为低成本的金属冲压方式生产。但由于5.56×45毫米弹药的膛压比想象的高，生产方式改为较沉重的铣削，导致加利尔比其他同口径步枪更沉重。

比利时FN FNC突击步枪

英文名称：Fabrique Nationale Carabine
研制国家：比利时
类型：突击步枪
制造厂商：FN公司
枪机种类：转栓式枪机
服役时间：1979年至今
主要用户：比利时、阿根廷、意大利等

基本参数	
口径	5.56毫米
全长	997毫米
枪管长	450毫米
空枪重量	3.8千克
有效射程	450米
枪口初速	965米/秒
弹容量	30发

FNC是比利时FN公司在20世纪70年代中期生产的突击步枪，1979年5月，FNC开始投入批量生产。目前，除比利时外，尼日利亚、印度尼西亚和瑞典等国家也有装备。

FNC枪管用高级优质钢制成，内膛精锻成型，故强度、硬度、韧性较好，耐蚀抗磨。其前部有一圆形套筒，除可用于消焰外，还可发射枪榴弹。在供弹方面弹匣，FN FNC采用30发STANAG标准弹匣。击发系统与其他现代小口径突击步枪相似，有半自动、三点发和全自动三种发射方式。枪口部有特殊的刺刀座，以便安装美国M7式刺刀。

比利时FN F2000突击步枪

英文名称：FN F2000

研制国家：比利时

类型：突击步枪

制造厂商：FN公司

枪机种类：转栓式枪机

服役时间：2001年至今

主要用户：比利时、阿根廷、西班牙等

Firearms

基本参数	
口径	5.56毫米
全长	688毫米
枪管长	400毫米
空枪重量	3.6千克
有效射程	500米
枪口初速	910米/秒
弹容量	30发

F2000是比利时FN公司研制的突击步枪，首次亮相是在2001年3月的阿拉伯联合酋长国阿布扎比举行的IDEX展览会上。F2000在成本、工艺性及人机工程等方面苦下功夫，不但很好地控制了质量，而且平衡性也很优秀，非常易于携带、握持和使用，同样也便于左撇子使用。

F2000默认使用1.6倍瞄准镜，在加装专用的榴弹发射器后，也可换装具测距及计算弹着点的专用火控系统。F2000的附件包括可折叠的两脚架及可选用的装手枪口上的刺刀卡笋，而且还可根据实际需求而在M1913导轨上安装夜视瞄具。此外，F2000还可配用未来的低杀伤性系统。

比利时FN SCAR突击步枪

英文名称：
SOF Combat Assault Rifle
研制国家：比利时
类型：突击步枪
制造厂商：FN公司
枪机种类：滚转式枪机
服役时间：2009年至今
主要用户：比利时、美国、英国等

基本参数	
口径	7.62毫米
全长	965毫米
枪管长	400毫米
空枪重量	3.26千克
有效射程	600米
枪口初速	714米/秒
弹容量	20发

SCAR突击步枪是比利时FN公司为了满足美军特战司令部的SCAR项目而制造的现代化突击步枪，于2007年7月开始小批量量产，并有限配发给军队使用。SCAR有两种版本，轻型（Light，SCAR-L，Mk 16 Mod 0）和重型（Heavy，SCAR-H，Mk 17 Mod 0）。L型发射5.56×45毫米北约弹药，使用类似于M16的弹匣，只不过是钢材制造，虽然比M16的塑料弹匣更重，但是强度更高，可靠性也更好。

SCAR特征为从头到尾不间断的战术导轨在铝制外壳的正上方排开，两个可拆式导轨在侧面，下方还可加挂任何MIL-STD-1913标准的相容配件，握把部分和M16用的握把可互换，前准星可以折下，不会挡到瞄准镜或是光学瞄准器。

比利时 FN SPR 狙击步枪

英文名称：Special Police Rifle
研制国家：比利时
类型：狙击步枪
制造厂商：FN公司
枪机种类：手动枪机
服役时间：2004年至今
主要用户：美国联邦调查局

Firearms

基本参数	
口径	7.62毫米
全长	1117.6毫米
枪管长	609.6毫米
空枪重量	5.13千克
有效射程	500米
枪口初速	700米/秒
弹容量	4发

SPR是由比利时FN研制的手动枪机狙击步枪，2004年，SPR被美国联邦调查局的人质救援小组所采用，命名为FNH SPR-USG（US Government，美国政府型），成为该单位的两种手动狙击步枪之一。

SPR狙击步枪始终能够保持较高的精度，所需的维护工作也较少，其最大特点是内膛镀铬的浮置式枪管和合成枪托。内膛镀铬的好处是枪管更持久、更耐腐蚀和易于清洁维护。但镀铬枪管因为可能会使准确度下降，在手动枪机的狙击步枪非常罕见。

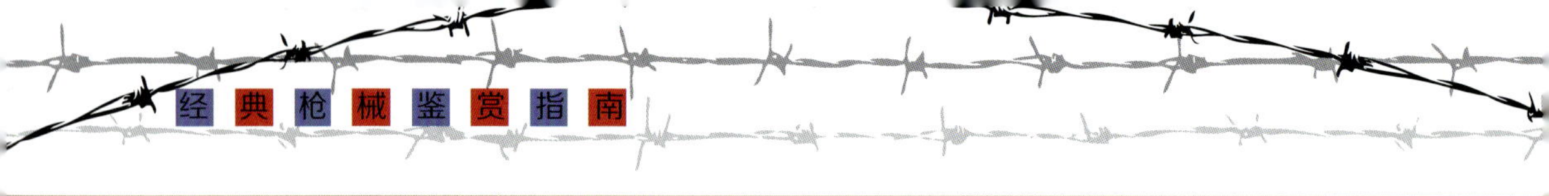

比利时 FN30-11 狙击步枪

英文名称：FN30-11
研制国家：比利时
类型：狙击步枪
制造厂商：FN公司
枪机种类：毛瑟枪机系统
服役时间：1980年至今
主要用户：比利时军队和警察

基本参数	
口径	7.62毫米
全长	1117毫米
枪管长	502毫米
空枪重量	4.85千克
有效射程	600米
枪口初速	850米/秒
弹容量	10发

FN30-11是比利时FN公司于20世纪70年代末研制的狙击步枪，主要供军方和执法单位保卫机场、军事重地和国家机关等重要设施。为了适应每个狙击手的需要，FN30-11还设计了可调长度的枪托。这种枪托附加一个连接件，以此调节枪托的长度，使枪托左侧的托腮板恰好和射手的面部相贴。

FN30-11狙击步枪采用优质材料，结构结实，射击精度高。该枪沿用毛瑟枪机，扳机拉力为14.7牛。枪管为加重型，装有很长的枪口消焰器。前托下方安装有高低可调的两脚架。当武器携行时，两脚架折叠在枪托下方，整支枪装在专门的保护袋中。

以色列 SR99 狙击步枪

英文名称：SR99

研制国家：以色列

类型：狙击步枪

制造厂商：以色列IMI

枪机种类：转栓式枪机

服役时间：2000年至今

主要用户：以色列

基本参数	
口径	7.62毫米
全长	1112毫米
枪管长	508毫米
空枪重量	5.1千克
有效射程	600米
枪口初速	820米/秒
弹容量	25发

SR99是以色列IMI于2000年推出的半自动狙击步枪，由综合安全系统集团（ISSG）设计并且制作。SR99在设计时充分考虑了狙击手的战斗环境和独特操作要求，一切为狙击手着想，利于狙击手迅速投入战斗，具有精确瞄准和连续开火能力。换装枪管后，SR99还可变为普通步枪。

SR99狙击步枪的优点是在野外恶劣环境具有良好的适应性，重量问题虽然影响了加利尔突击步枪的前途，但一支装有瞄准镜并装满子弹的SR99也仅有6.9千克重，对于狙击步枪来说是可以接受的。另外，虽然SR99的射击精度比M14 SWS低，但1.5MOA的散布精度在半自动狙击步枪来说已属不错。枪托折叠后，SR99的全长只有845毫米，易于携带和隐藏。

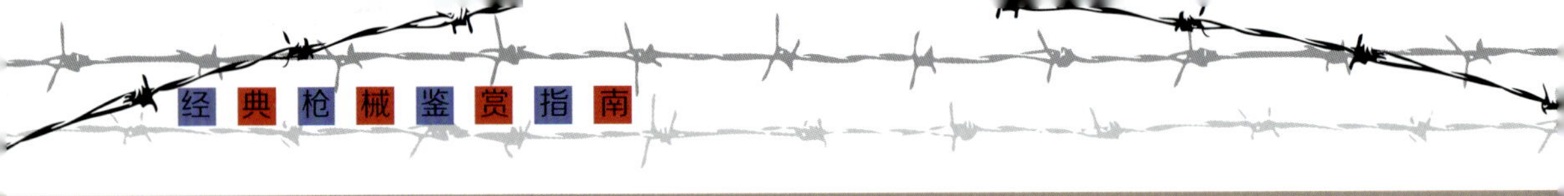

捷克CZ 805 Bren突击步枪

英文名称：CZ 805 Bren
研制国家：捷克
类型：突击步枪
制造厂商：布罗德兵工厂
枪机种类：滚转式枪机
服役时间：2011年至今
主要用户：捷克、埃及等

Firearms ★★★

基本参数	
口径	5.56毫米、7.62毫米
全长	910毫米
枪管长	360毫米
空枪重量	3.6千克
有效射程	500米
枪口初速	320米/秒
弹容量	30发

CZ 805 Bren是由捷克布罗德兵工厂研制的突击步枪，是一款具现代化外观的模组化单兵武器，为捷克军队的新型制式步枪，将完全取代捷克军队之前装备的Vz.58突击步枪。

CZ 805 Bren突击步枪采用模块化设计，发射5.56 × 45毫米北约步枪弹，此外也有7.62 × 39毫米口径的型号，而且未来还可能发射6.8毫米SPC弹。该枪采用短行程导气活塞式原理和滚转式枪机，其导气系统有气体调节器。上机匣由铝合金制作而成，下机匣的制作材料为聚合物。

捷克 CZ 700 狙击步枪

英文名称：CZ 700

研制国家：捷克

类型：狙击步枪

制造厂商：

塞斯卡·直波尔约夫卡兵工厂

枪机种类：后置凸笋

服役时间：1970年至今

主要用户：捷克

基本参数	
口径	7.62毫米
全长	1215毫米
枪管长	610毫米
空枪重量	6.2千克
有效射程	900米
枪口初速	905米/秒
弹容量	10发

CZ 700是捷克塞斯卡·直波尔约夫卡（CZ）兵工厂在CZ系列猎枪基础上研制的狙击步枪，具有较高的射击精度。

CZ 700狙击步枪的机匣非常坚实。为了保持机匣的牢固性，设在右边的抛壳窗相当小，正好容空弹壳向右下方抛出。进弹口也较小，恰好插入双排10发铝制盒式弹匣。CZ 700的枪口制动器全长约100毫米，其上有螺纹，用扳手就可以装卸。在螺接枪口制退器的位置也可以装准星和准星座，这样也可以将CZ 700狙击步枪当运动步枪使用。CZ 700没有安装机械瞄具，但在机匣顶部预留有安装韦弗式导轨或光学瞄具的螺孔。

阿根廷FARA-83突击步枪

英文名称：FARA-83

研制国家：阿根廷

类型：突击步枪

制造厂商：多明戈·马特乌（Domingo Matheu）军用轻武器工厂

枪机种类：滚转式枪机

服役时间：1984年至今

主要用户：阿根廷

基本参数	
口径	5.56毫米
全长	1000毫米
枪管长	452毫米
空枪重量	3.95千克
有效射程	300~500米
枪口初速	980米/秒
弹容量	30发

FARA-83是阿根廷于20世纪80年代研发并装备的突击步枪，目前是阿根廷军队的制式步枪之一。

FARA-83突击步枪的设计受到了以色列加利尔步枪的影响，它与加利尔一样采用了折叠式枪托，并有一个用于弱光环境的氚光瞄准镜。早期型FARA-83使用伯莱塔AR70的30发弹匣，并具有一个可切换为半自动或全自动射击的扳机组。

南非 R4 突击步枪

- 英文名称：R4
- 研制国家：南非
- 类型：突击步枪
- 制造厂商：利特尔顿兵工厂
- 枪机种类：转栓式枪机
- 服役时间：1980年至今
- 主要用户：南非

基本参数	
口径	5.56毫米
全长	740毫米
枪管长	460毫米
空枪重量	4.3千克
有效射程	500米
枪口初速	980米/秒
弹容量	35发、50发

R4是南非于20世纪80年代在以色列加利尔突击步枪的基础上改良而成的一款突击步枪。R4主要由利特尔顿兵工厂生产，但该兵工厂又因各种原因而停产，于是转由维克多公司继续生产。

R4突击步枪它保留了Ak-47优良的短冲程活塞传动式、转动式枪机，并采用加利尔的握把式射击模式选择钮和机匣上方的后照门以及L形拉机柄，还使用了更加轻便的塑料护木。

南非 CR-21 突击步枪

英文名称：

Compact Rifle – 21st Century

研制国家：南非

类型：突击步枪

制造厂商：维克多武器公司

枪机种类：转栓式枪机

服役时间：1997年至今

主要用户：南非

Firearms ★★★

基本参数	
口径	5.56毫米
全长	760毫米
枪管长	460毫米
空枪重量	3.72千克
有效射程	600米
枪口初速	980米/秒
弹容量	5发、10发、15发、20发、30发、35发、50发

CR-21突击步枪以R4系列步枪为基础并略为修改，以便将其改为无托结构设计，尽可能使用原来制造部件的概念以便降低成本，并保持其可靠性和降低其重量，由南非生产。

CR-21枪身由高弹性黑色聚合物模压成型，左右两侧在模压成型后，经高频焊接成整体。可使用5发、10发、15发、20发、30发和35发几种专用可拆式弹匣，也可以使用加利尔步枪以及R4步枪的35发和50发弹匣。枪管内的膛线采用“冷锻法”制成，内膛镀铬以增强耐磨性，使用弹药为5.56×45毫米SS109步枪子弹。

南非NTW-20狙击步枪

英文名称：NTW-20

研制国家：南非

类型：狙击步枪

制造厂商：丹尼尔防卫企业

枪机种类：滚转式枪机

服役时间：1996年至今

主要用户：南非

基本参数	
口径	20毫米
全长	1795毫米
枪管长	1000毫米
空枪重量	31.5千克
有效射程	1300米
枪口初速	720米/秒
弹容量	3发

NTW-20是南非研制的超大口径反器材步枪，主要发射20毫米枪弹，也可通过更换零部件的方式改为发射14.5毫米枪弹。

NTW-20采用枪机回转式工作原理，枪口设有体积庞大的双膛制动器，可以将后坐力保持在可接受的水平。米切姆公司还设计了一种减震缓冲枪架，用于城区及相似环境中的反狙击手作战。NTW-20没有安装机械瞄准具，但装有具备视差调节功能的8倍放大瞄准镜。

波兰 Bor 狙击步枪

英文名称：Bor

研制国家：波兰

类型：狙击步枪

制造厂商：OBRSM公司

枪机种类：旋转后拉式枪机

服役时间：2008年至今

主要用户：波兰

Firearms ★★★

基本参数	
口径	7.62毫米
全长	1038毫米
枪管长	560毫米、660毫米
空枪重量	6.1千克
有效射程	800米
枪口初速	870米/秒
弹容量	10发

Bor是由波兰OBRSM公司研制的旋转后拉式枪机狙击步枪。2008年12月，波兰陆军接收了第一批31支Bor狙击步枪。

Bor狙击步枪采用无托结构，制式型号重6.1千克，枪管长660毫米，目前已为空降部队研制出枪管长560毫米的型号。波兰陆军最初接收的Bor狙击步枪装有美国里奥波特&史蒂文斯公司的4.5-14 × 50光学瞄具和夜视瞄准装置，从2009年开始换为波兰PCO公司的CKW昼/夜用瞄具。

波兰 Alex 狙击步枪

英文名称：Alex

研制国家：波兰

类型：狙击步枪

制造厂商：OBRSM公司

枪机种类：旋转后拉式枪机

服役时间：2005年至今

主要用户：波兰

基本参数	
口径	7.62毫米
全长	1400毫米
枪管长	680毫米
空枪重量	6.8千克
有效射程	800米
枪口初速	870米/秒
弹容量	10发

Alex是波兰OBRSM公司于2005年研制的狙击步枪，用以取代波兰陆军、宪兵部队和驻伊部队现装备的俄制SVD-M狙击步枪和芬兰TRG-21/22狙击步枪。

Alex狙击步枪为无托结构，采用旋转后拉式枪机。其枪管为自由浮动式重型枪管，长680毫米，枪口装有制动器，可减小30%的后坐力。Alex狙击步枪安装了制式皮卡汀尼导轨，可配用多种机械和光学瞄具。

克罗地亚VHS突击步枪

英文名称：VHS

研制国家：克罗地亚

类型：突击步枪

制造厂商：HS Produkt公司

枪机种类：转栓式枪机

服役时间：2008年至今

主要用户：克罗地亚、美国、叙利亚等

基本参数	
口径	5.56毫米
全长	765毫米
枪管长	500毫米
空枪重量	3.4千克
有效射程	500米
枪口初速	950米/秒
弹容量	30发

VHS是克罗地亚生产的无托结构突击步枪，2007年首次展出，2012年开始取代克罗地亚军队所装备的各种AK-47的衍生型。

VHS突击步枪采用长行程活塞传动型气动式操作系统及转栓式枪机闭锁机构。其快慢机设置在扳机护圈内部，将快慢机拨杆设置向左时为全自动模式，设置向右时为半自动模式，设置居中时为保险模式。该枪的弹匣插座位于手枪握把后面，形状呈长方形，弹匣扣兼释放按钮设置在其后部。拉机柄位于提把下方，抛壳口外围带有连着的抛壳挡板，分别设于上、下和后三个方向，以防止其抛壳方向不稳定。

克罗地亚 RT-20 狙击步枪

英文名称：RT-20

研制国家：克罗地亚

类型：狙击步枪

制造厂商：RH-Alan公司

枪机种类：旋转后拉式枪机

服役时间：1994年至今

主要用户：克罗地亚

基本参数	
口径	20毫米
全长	1330毫米
枪管长	920毫米
空枪重量	19.2千克
有效射程	1800米
枪口初速	850米/秒
弹容量	1发

RT-20是克罗地亚研制的大口径狙击步枪，20世纪90年代初被克罗地亚军队采用，目前仍有一部分在服役中。该枪是当时世界上最强有力的反器材步枪之一，20毫米口径步枪在当时仅有三种，另外两种为南非NTW-20和芬兰APH-20。

RT-20采用枪机回转式工作原理，使用三个较大的凸块锁住枪管。由于没有设置弹匣，只能单发装填。触发器的肩架和手枪型手柄位于枪管之下。RT-20没有机械瞄准具，但配有望远式光学瞄准镜，安装在枪管上并偏向左侧。

乌克兰 Fort-221 突击步枪

英文名称：Fort-221

研制国家：乌克兰

类型：突击步枪

制造厂商：国营兵工厂

枪机种类：滚转式枪机

服役时间：2009年至今

主要用户：乌克兰

基本参数	
口径	5.56毫米
全长	645毫米
枪管长	375毫米
空枪重量	3.9千克
有效射程	500米
枪口初速	890米/秒
弹容量	30发

Fort-221是由乌克兰国营兵工厂所生产的一种无托结构的突击步枪，是以色列TAR-21突击步枪的授权生产版本。

Fort-221突击步枪的设计与TAR-21突击步枪基本相同，并能安装类似于ITL MARS的瞄准镜和其他瞄准具及战术配件。目前，Fort-221主要装备于乌克兰内务部和联邦安全局的特种部队。

日本丰和20式突击步枪

英文名称：Howa Type 20
研制国家：日本
类型：突击步枪
制造厂商：丰和工业公司
枪机种类：滚转式枪机
服役时间：2021年至今
主要用户：日本

基本参数	
口径	5.56毫米
全长	850毫米
枪管长	330毫米
空枪重量	3.1千克
有效射程	500米
枪口初速	850米/秒
弹容量	30发

丰和20式突击步枪发射5.56×45毫米北约标准弹药，配备标准的30发STANAG弹匣。其设计注重人体工程学，设有可伸缩的枪托和可调节的贴腮板，能够适应不同射手的体型。步枪具备双侧可操作的保险和弹匣释放按钮，方便左撇子和右撇子射手使用。此外，该枪配备皮卡汀尼导轨系统，便于安装各类瞄准镜及其他配件，显著增强了战术适应性。丰和20式还可与单兵信息系统兼容，有效提升战场态势感知和指挥控制能力。

丰和20式突击步枪采用耐腐蚀材料与技术，显著提高了在恶劣环境下的耐用性。其设计高度模块化，可根据不同任务需求及射手偏好更换枪管、枪托等配件。该枪提供多种枪管长度选择，标准枪管长度为330毫米，还可更换为203毫米或406毫米的枪管。

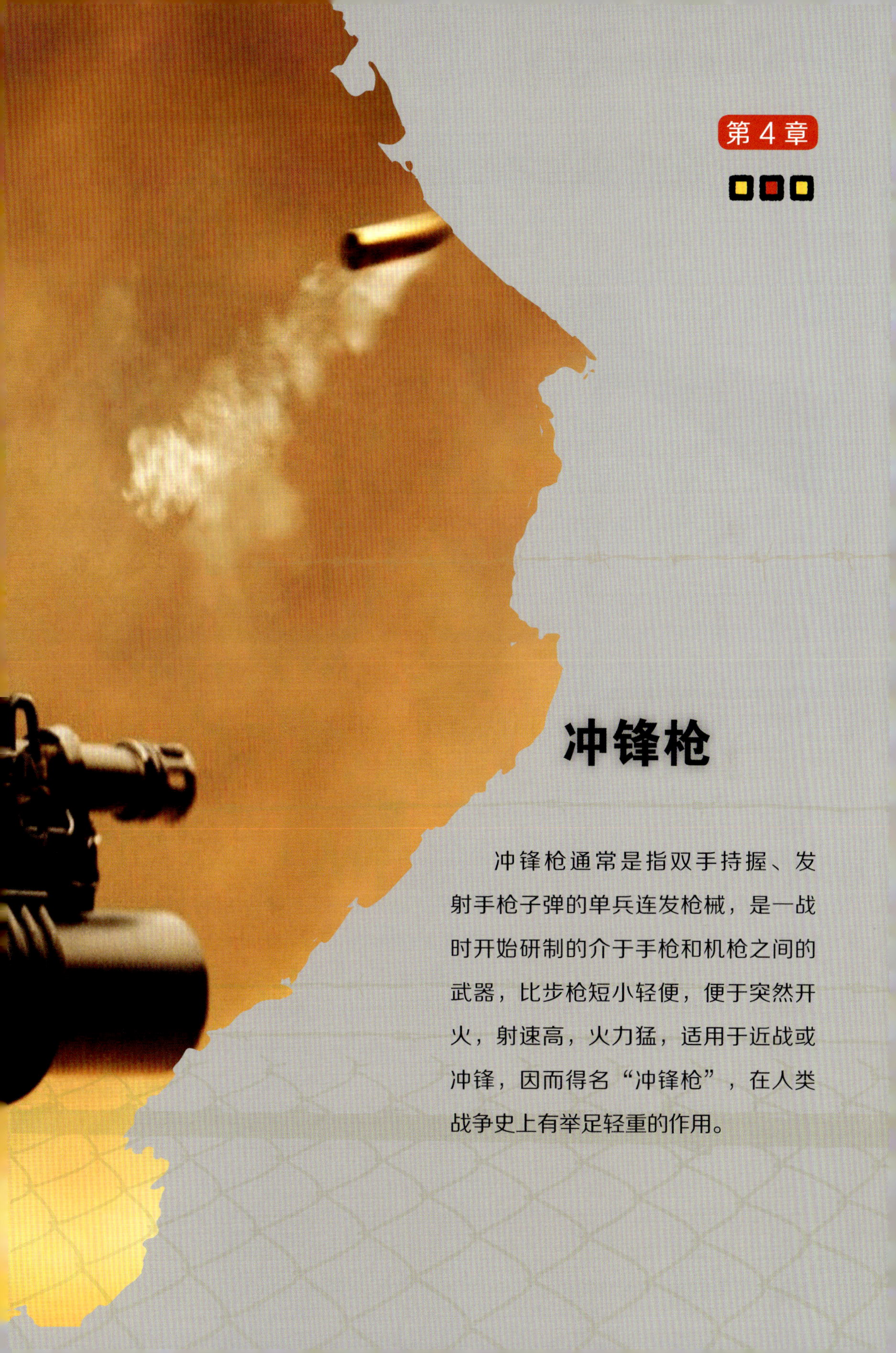

第4章

冲锋枪

冲锋枪通常是指双手持握、发射手枪子弹的单兵连发枪械，是一战时开始研制的介于手枪和机枪之间的武器，比步枪短小轻便，便于突然开火，射速高，火力猛，适用于近战或冲锋，因而得名“冲锋枪”，在人类战争史上有举足轻重的作用。

美国汤普森冲锋枪

英文名称：Thompson Submachine Gun
研制国家：美国
类型：冲锋枪
制造厂商：柯尔特公司
枪机种类：延迟闭锁系统
服役时间：1938～1971年
主要用户：美国、英国、乌克兰等

Firearms

基本参数	
口径	11.43毫米
全长	852毫米
枪管长	270毫米
空枪重量	4.9千克
有效射程	150米
枪口初速	285米/秒
弹容量	20发、30发、弹鼓50发、弹鼓100发

汤普森冲锋枪于1916年首次亮相，在二战中有不俗战绩。该枪重量及后坐力较大、瞄准也较难，尽管如此，它仍然是最具威力及可靠性的冲锋枪之一。

汤普森冲锋枪使用开放式枪机，即枪机和相关工作部件都被卡在后方。当扣动扳机后枪机被放开前进，将子弹由弹匣推上膛并且将子弹发射出去，再将枪机后推，弹出空弹壳，循环操作准备射击下一颗子弹。该枪采用鼓式弹夹，虽然这种弹夹能够提供持续射击的能力，但它太过于笨重，不便于携带。该枪射速最高可达1200发/分，此外，接触雨水、灰尘或泥后的表现比同时代其他冲锋枪要优秀。

德国 MP5 冲锋枪

英文名称：MP5

研制国家：德国

类型：冲锋枪

制造厂商：HK公司

枪机种类：闭锁式枪机

服役时间：1966年至今

主要用户：德国、美国、英国等

基本参数	
口径	9毫米
全长	680毫米
枪管长	225毫米
空枪重量	2.54千克
有效射程	200米
枪口初速	375米/秒
弹容量	15发、30发、弹鼓100发

MP5冲锋枪的设计源于1964年HK公司的HK54冲锋枪项目（“5”意为HK第五代冲锋枪，“4”意为使用9×19毫米子弹）。该枪以HK G3自动步枪的设计缩小而成。联邦德国政府采用后，正式命名为MP5。MP5冲锋枪的特点是火力猛烈、便于操作、可靠性强、命中精度高，目前它被多个国家的特种部队采用。

MP5采用了与G3自动步枪一样的半自由枪机和滚柱闭锁方式，当武器处于待击状态在机体复进到位前，闭锁楔铁的闭锁斜面将两个滚柱向外挤开，使之卡入枪管节套的闭锁槽内，枪机便闭锁住弹膛。射击后，在火药气体作用下，弹壳推动机头后退。一旦滚柱完全脱离卡槽，枪机的两部分就一起后坐，直到撞击抛壳挺时才将弹壳从枪右侧的抛壳窗抛出。

▲ 装备MP5冲锋枪的士兵

▼ 黑色涂装的HK MP5冲锋枪

德国 MP40 冲锋枪

英文名称：Maschinenpistole 40

研制国家：德国

类型：冲锋枪

制造厂商：埃尔马兵工厂

枪机种类：开放式枪机

服役时间：1938～1945年

主要用户：德国、美国、英国等

基本参数	
口径	9毫米
全长	833毫米
枪管长	251毫米
空枪重量	4千克
有效射程	100米
枪口初速	380米/秒
弹容量	32发

MP40冲锋枪是在MP18冲锋枪的基础上改进而来的，是二战期间德国军队使用最广泛、性能最优良的冲锋枪。

MP40冲锋枪发射9毫米口径鲁格弹，以直型弹匣供弹，采用开放式枪机原理、圆管状机匣，移除枪身上传统的木制组件，握把及护木均为塑料。该枪的折叠式枪托使用钢管制成，可以向前折叠到机匣下方，以便于携带，枪管底部的钩状座可由装甲车的射孔向外射击时固定车体上。

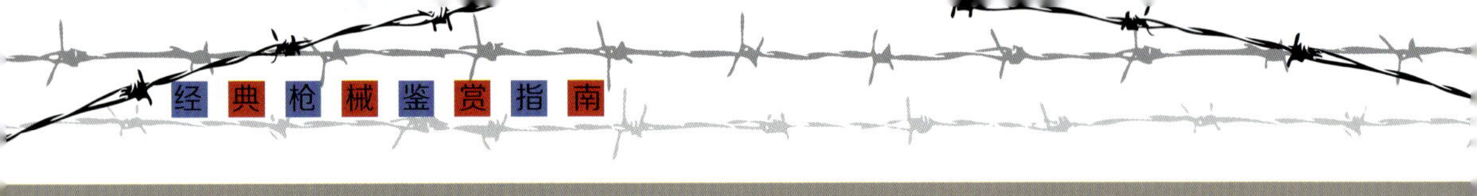

英国斯登冲锋枪

英文名称：Sten gun

研制国家：英国

类型：冲锋枪

制造厂商：恩菲尔德公司等

枪机种类：开放式枪机

服役时间：1941～1960年

主要用户：英国、美国、泰国等

基本参数	
口径	9毫米
全长	760毫米
枪管长	196毫米
空枪重量	3.18千克
有效射程	100米
枪口初速	365米/秒
弹容量	32发

斯登冲锋枪是英国在二战期间装备最多的武器之一，其特点是制造成本低，易于大量生产。

斯登冲锋枪采用简单的内部设计，横置式弹匣、开放式枪机、后坐作用原理，弹匣装上后可充当前握把。使用9毫米口径枪弹，可以使斯登冲锋枪在室内与堑壕战中发挥持久火力，此外，它紧致外形与轻量让它具备绝佳的灵活性。

英国斯特林 L2A3 冲锋枪

英文名称：Sterling L2A3

研制国家：英国

类型：冲锋枪

制造厂商：斯特林军备公司

枪机种类：反冲作用

服役时间：1945年至今

主要用户：英国、澳大利亚、阿根廷等

Firearms

基本参数	
口径	9毫米
全长	686毫米
最大射程	200米
空枪重量	2.7千克
有效射程	100米
枪口初速	390 米/秒
弹容量	34发

L2A3冲锋枪的特点是结构简单，加工容易，弹匣容量大，火力持续性好。1956年，L2A3批量装备英军，斯登冲锋枪被全部淘汰。英国几支特种部队都曾使用。

L2A3冲锋枪大量采用冲压件，同时广泛采用铆接、焊接工艺，只有少量零件需要机加工，工艺性较好。该枪采用自由枪机式工作原理，开膛待击，前冲击发。使用侧向安装的34发双排双进弧形弹匣供弹，可选择单、连发发射方式，枪托为金属冲压的下折式枪托，有独立的小握把。瞄准装置采用觇孔式照门和L形翻转表尺，瞄准基线比较长。

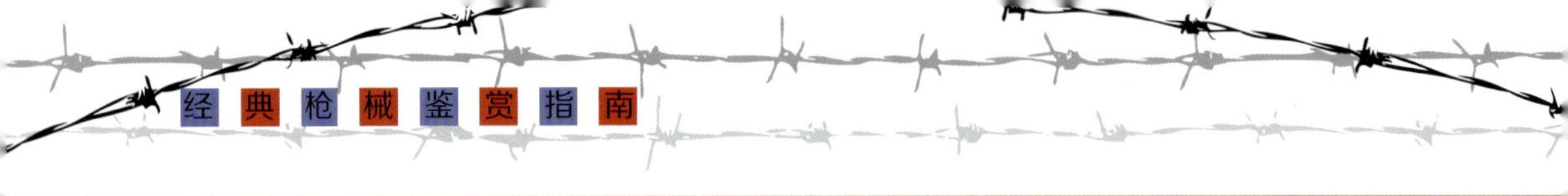

苏联 PPD-40 冲锋枪

英文名称：PPD-40

研制国家：苏联

类型：冲锋枪

研发者：瓦西里·捷格加廖夫

枪机种类：开放式枪机

服役时间：1935～1941年

主要用户：苏联、西班牙、芬兰等

基本参数	
口径	7.62毫米
全长	788毫米
枪管长	273毫米
空枪重量	3.2千克
有效射程	160米
枪口初速	490 米/秒
弹容量	25发、弹鼓71发

PPD-40是苏联在1934年制造的7.62毫米口径冲锋枪。此枪先由初期型的PPD-34改进成为中期型的PPD-34/38和后期型的PPD-40。1935年，PPD成为第一种在苏联红军之中服役的冲锋枪，在1938～1940年之间，PPD通过进一步修改后被命名为PPD-34/38和PPD-40，并引入了细微的变化，主要目的是使其更易于生产。该枪的大规模生产于1940年开始，大部分的金属部件是以金属铣削的方式制造的。

由于PPD-40冲锋枪结构过于复杂、生产成本高昂，所以于1941年被PPSh-41冲锋枪所取代，但PPD-40冲锋枪为其后PPSh-41冲锋枪的成功奠定了基础。

PPD-40冲锋枪采用木制枪托，开放式枪机。该枪供弹方式可在25发可拆卸式弹匣和71发可拆卸式弹鼓之间切换，其他方面则与芬兰索米M1931冲锋枪大同小异。

苏联 / 俄罗斯 PPSh-41 冲锋枪

英文名称：PPSh-41
研制国家：苏联
类型：冲锋枪
制造厂商：图拉兵工厂
枪机种类：开放式枪机
服役时间：1941年至今
主要用户：苏联、俄罗斯、乌克兰等

Firearms ★★★

基本参数	
口径	7.62毫米
全长	843毫米
枪管长	269毫米
空枪重量	3.63千克
有效射程	150米
枪口初速	488 米/秒
弹容量	35发、弹鼓71发

PPSh-41冲锋枪是二战期间苏联生产数量最多的武器，在斯大林格勒战役中，它起到了非常重要的作用，成为苏军步兵标志性装备之一。

PPSh-41冲锋枪采用自由式枪机原理，开膛待机，带有可进行连发、单发转化的快慢机，发射7.62×25毫米托卡列夫手枪弹（苏联标准手枪和冲锋枪使用的弹药）。PPSh-41能够以约1000发/分的射速射击，射速与当时其他大多数军用冲锋枪相比而言是非常高的。

苏联/俄罗斯 KEDR 冲锋枪

英文名称：KEDR

研制国家：俄罗斯

类型：冲锋枪

制造厂商：伊热夫斯克机器制造厂

枪机种类：直接反冲作用

服役时间：1994年至今

主要用户：俄罗斯警察部门

基本参数	
口径	9毫米
全长	530毫米
枪管长	120毫米
空枪重量	1.57千克
有效射程	70米
枪口初速	310米/秒
弹容量	20发、30发

KEDR冲锋枪原型最早于1970年推出，但却在1994年才正式服役。KEDR冲锋枪体积小，重量轻，非常便于携带。目前俄罗斯特种部队以及其他军种都有使用该枪。

KEDR非常紧凑，重量较轻，在持续射击时很容易控制，因此KEDR很适合在逐屋清除的CQB（室内近距离战斗）行动中使用。KEDR和KLIN的外形基本一样，只是KLIN对内部做了改进以适合高压的PMM手枪弹。冲量高的PMM弹使KLIN的射速增加到每分钟1100发左右，这使得武器比较难控制，因此KLIN比较适合破坏性大的行动而不是像人质拯救这类任务。当需要安装消声器时，KEDR和KLIN需要更换上一种外表有螺纹的短枪管，安装消声器后全枪长度增加了137毫米。

比利时 FN P90 冲锋枪

英文名称：FN P90
研制国家：比利时
类型：冲锋枪
制造厂商：FN公司
枪机种类：闭锁式枪机
服役时间：1991年至今
主要用户：比利时、巴西、加拿大等

基本参数	
口径	5.7毫米
全长	500毫米
枪管长	263毫米
空枪重量	2.54千克
有效射程	150米
枪口初速	715米/秒
弹容量	50发

P90冲锋枪是FN公司于1990年推出的个人防卫武器，是美国小火器主导计划、北约AC225计划中要求的一种枪械。P90的野战分解非常容易，经简单训练就可在15秒内完成不完全分解，方便保养和维护。

P90能够有限度地同时取代手枪、冲锋枪及短管突击步枪等枪械，它使用的5.7 × 28毫米子弹能把后坐力降至低于手枪，而穿透力还能有效击穿手枪不能击穿的、具有四级甚至于五级防护能力的防弹背心等个人防护装备。P90的枪身重心靠近握把，有利单手操作并灵活地改变指向。经过精心设计的抛弹口，可确保各种射击姿势下抛出的弹壳都不会影响射击。水平弹匣使得P90的高度大大减小，卧姿射击时可以尽量伏低。

以色列乌兹冲锋枪

英文名称：Uzi
研制国家：以色列
类型：冲锋枪
制造厂商：IMI
枪机种类：开放式枪机
服役时间：1951年至今
主要用户：以色列、法国、美国等

基本参数	
口径	9毫米
全长	650毫米
枪管长	260毫米
空枪重量	3.5千克
有效射程	120米
枪口初速	400米/秒
弹容量	20发、32发、40发、50发

乌兹冲锋枪是由以色列国防军军官乌兹·盖尔于1948年开始研制的轻型冲锋枪。该枪具有结构简单、易于生产的特点，现已被世界上许多国家的军队、特种部队、警队和执法机构采用。

乌兹冲锋枪最突出的特点是和手枪类似的握把内藏弹匣设计，能使射手在与敌人近战交火时能迅速更换弹匣（即使是黑暗环境），保持持续火力。不过，这个设计也影响了全枪的高度，导致卧姿射击时所需的空间更大。此外，在沙漠或风沙较大的地区作战时，射手必须经常分解清理乌兹冲锋枪，以避免射击时出现卡弹等情况。

▲ 木制枪托的标准型乌兹冲锋枪

▼ 乌兹冲锋枪正面特写

意大利伯莱塔 M12 冲锋枪

英文名称：Beretta Model 12

研制国家：意大利

类型：冲锋枪

制造厂商：伯莱塔公司

枪机种类：开放式枪机

服役时间：1959年至今

主要用户：意大利、美国、法国等

基本参数	
口径	9毫米
全长	660毫米
枪管长	200毫米
空枪重量	3.48千克
有效射程	200米
枪口初速	380米/秒
弹容量	20发、32发、40发

M12冲锋枪于1958年由意大利伯莱塔公司研制生产，1961年开始成为意大利军队的制式装备，也是非洲和南美洲部分国家的制式装备。M12拥有手动扳机阻止装置，能自动令枪机停止在闭锁安全位置的按钮式枪机释放装置，以及必须在主握把下以中指完全地按实的手动安全装置。

M12采用环包枪膛式设计，枪管内外经镀铬处理，长200毫米，其中150毫米是由枪机包覆，这种设计有助缩短整体长度。M12可全自动和单发射击，开放式枪机射速为550发/分，初速为380米/秒，有效射程为200米，后照门可设定瞄准距离为100米或200米。

韩国大宇 K7 冲锋枪

英文名称：Daewoo K7
研制国家：韩国
类型：冲锋枪
制造厂商：大宇集团
枪机种类：滚轮延迟反冲式
服役时间：2003年至今
主要用户：
韩国、泰国、柬埔寨、印度尼西亚等

Firearms ★★☆

基本参数	
口径	9毫米
全长	788毫米
枪管长	134毫米
空枪重量	3.1千克
有效射程	150米
枪口初速	295米/秒
弹容量	20发、25发、30发、32发、40发、50发

K7冲锋枪是一种微声冲锋枪，配备整体式消声器，能够有效降低射击时产生的噪音，并改变声音的音色，使敌方难以辨识其射击声。此外，消声器还可消除枪口焰，显著提升夜间使用的隐蔽性。该枪标配一个30发容量的可拆卸式直弹匣，并兼容乌兹冲锋枪的多种弹匣，包括20发、25发、32发、40发和50发容量的可拆卸式弹匣，从而增强了使用的灵活性。

K7冲锋枪的设计基于K1卡宾枪，因此在外观上保留了K1卡宾枪的多项特征，如机匣外壳、伸缩式枪托、手枪式握把和扳机组件。与K1卡宾枪不同，K7冲锋枪将发射弹种从5.56 × 45毫米北约标准步枪弹改为9 × 19毫米帕拉贝鲁姆子弹，并配备了新型护木。同时，其枪管前端设计有专用接口，用于安装消声器。

第5章

霰弹枪

霰弹枪是指无膛线并以发射霰弹为主的枪械，旧称为猎枪或滑膛枪。其外形和大小与半自动步枪相似，明显的分别是有较大口径和粗大的枪管，部分型号无准星或标尺，口径一般达到18.2毫米，火力大，杀伤面宽，是近战的高效武器，已被各国特种部队和警察部队广泛采用。现代军用霰弹枪外形和内部结构都非常类似于突击步枪，全枪基本由滑膛枪管、自动机、击发机、弹仓、瞄准装置以及枪托、握把等组成。

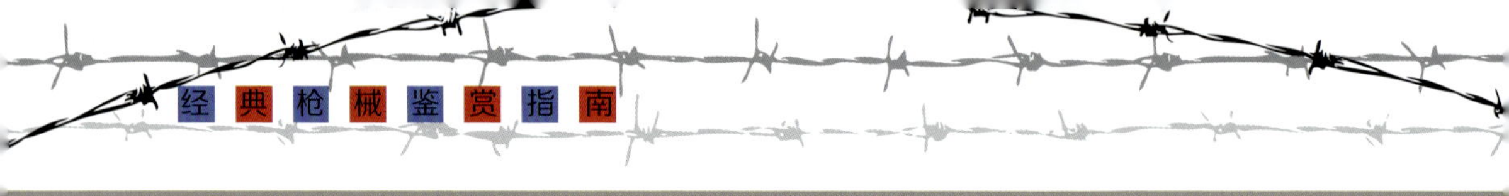

美国温彻斯特 M1897 霰弹枪

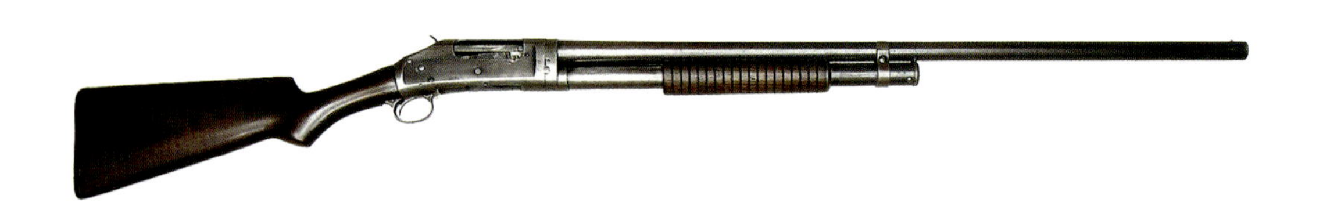

英文名称：Winchester Model 1897

研制国家：美国

类型：霰弹枪

制造厂商：温彻斯特公司

枪机种类：泵动式

服役时间：1893年至今

主要用户：美国

基本参数	
口径	18.53毫米
全长	1000毫米
枪管长	510毫米
空枪重量	3.6千克
有效射程	20米
枪口初速	350米/秒
弹容量	6发

温彻斯特M1897是由美国著名枪械设计师约翰·勃朗宁设计、美国温彻斯特连发武器公司生产的泵动式霰弹枪，是世界上第一种真正成功生产的泵动式霰弹枪，从1893年开始生产到温彻斯特于1957年决定将其停产以前，总共生产超过100万支。

温彻斯特M1897霰弹枪有着较厚重的机匣，并可以发射使用无烟火药的霰弹。该枪有许多不同的枪管长度和型号可以选择，例如发射12号口径霰弹或16号口径霰弹，并且有坚固的枪身和可拆卸的附件。16号口径的标准枪管长度为711.2毫米，而12号口径则配有762毫米的长枪管。特殊枪管长度可以缩短到508毫米或是延伸到914.4毫米。

美国温彻斯特 M1912 霰弹枪

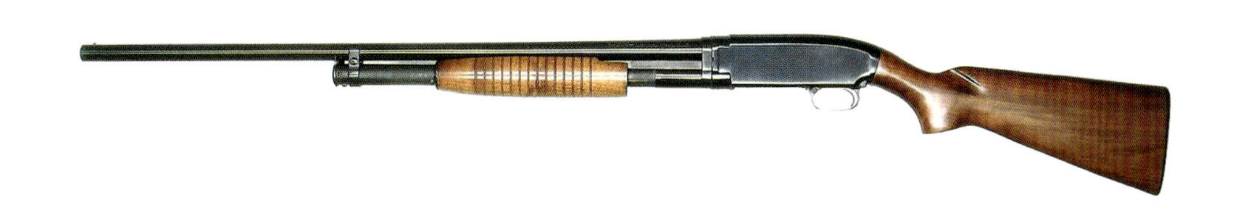

- 英文名称：Winchester Model 1912
- 研制国家：美国
- 类型：霰弹枪
- 制造厂商：温彻斯特公司
- 枪机种类：泵动式
- 服役时间：1912年至今
- 主要用户：美国

基本参数	
口径	18.53毫米
全长	1003毫米
枪管长	510毫米
空枪重量	3.6千克
有效射程	50米
枪口初速	350米/秒
弹容量	6发

温彻斯特M1912是由美国温彻斯特公司生产的泵动式、内置式击锤设计及外部管式弹仓供弹的霰弹枪。

温彻斯特M1912的管式弹仓是通过枪的底部以进行装填。空的霰弹壳会从机匣右方长约62毫米的抛壳口排出。管状弹仓可以装填5发12号口径霰弹（将膛室之内的1发都计算在内的话就是6发）。当管状弹仓装上一个特殊的木制零件，管状弹仓就可以增加2发、3发、4发霰弹。

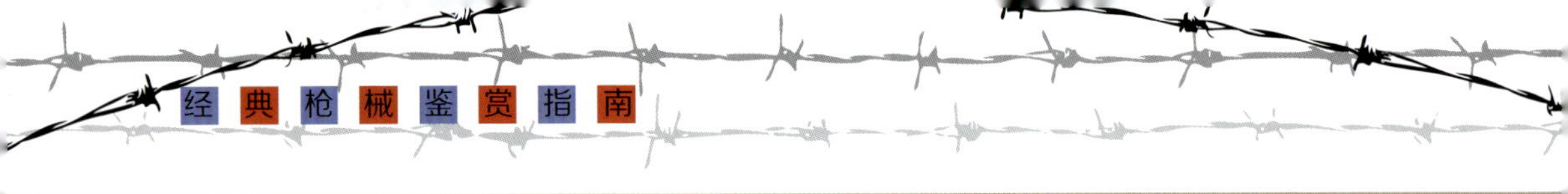

美国伊萨卡 37 霰弹枪

英文名称：Ithaca 37
研制国家：美国
类型：霰弹枪
制造厂商：伊萨卡枪械公司
枪机种类：泵动式
服役时间：1937年至今
主要用户：美国、比利时、加拿大等

基本参数	
口径	18.53毫米
全长	1006毫米
枪管长	760毫米
空枪重量	2.3千克
有效射程	50米
枪口初速	460米/秒
弹容量	9发

伊萨卡37是由位于美国纽约州伊萨卡市的伊萨卡枪械公司大量向民用、军用及警用市场销售的泵动式霰弹枪。

伊萨卡37在结构上是一种传统式样的泵动霰弹枪，管状弹仓位于枪管下方，弹仓容量根据不同的型号从4发至8发不等。该枪采用起落式闭锁块闭锁，闭锁块位于枪机尾部，闭锁时向上进入机匣顶部的闭锁槽内。除了个别型号外，大多数伊萨卡37都配备简单的珠形准星和木制枪托、泵动手柄。手动保险为横闩式按钮，位于扳机后方，保险贯穿枪机，起作用时不仅卡住扳机，也卡住枪机不能运动。

美国雷明顿 M870 霰弹枪

英文名称：Remington Model 870

研制国家：美国

类型：霰弹枪

制造厂商：雷明顿公司

枪机种类：泵动式

服役时间：1951年至今

主要用户：美国、德国、英国等

基本参数	
口径	18.53毫米
全长	1280毫米
枪管长	760毫米
空枪重量	3.6千克
有效射程	40米
枪口初速	404米/秒
弹容量	9发

雷明顿M870是由美国雷明顿公司制造的泵动式霰弹枪，从20世纪50年代初至今，它一直是美国军、警界的专用装备，美国边防警卫队尤其钟爱此枪。

雷明顿M870霰弹枪在恶劣气候条件下的耐用性和可靠性较好，尤其是改进型M870霰弹枪，采用了许多新工艺和附件，如采用了金属表面磷化处理等工艺，采用了斜准星、可调缺口照门式机械瞄具，配了一个弹容量为7发的加长式管形弹匣，在机匣左侧加装了一个可装6个空弹壳的马鞍形弹壳收集器，一个手推式保险按钮，一个三向可调式背带环和配用了一个旋转式激光瞄具。

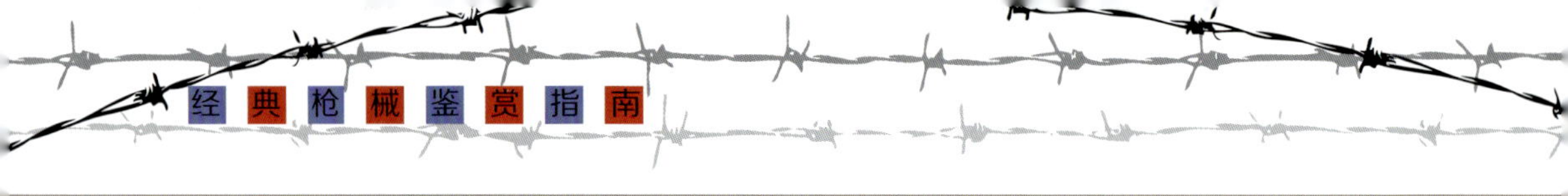

美国雷明顿 M1100 霰弹枪

英文名称：Remington Model 1100
研制国家：美国
类型：霰弹枪
制造厂商：雷明顿公司
枪机种类：气动式、半自动
服役时间：1963年至今
主要用户：美国、巴西、墨西哥等

基本参数	
口径	18.53毫米
全长	1250毫米
枪管长	762毫米
空枪重量	3.6千克
有效射程	40米
枪口初速	404米/秒
弹容量	5发、10发

雷明顿M1100是美国雷明顿公司研制的半自动气动式霰弹枪，被认为是第一种在后坐力、重量和性能上获得满意改进的半自动霰弹枪，在运动射击中比较常见和流行。

雷明顿M1100拥有12、16、20号等多种口径。基础型号弹仓装弹为5发，但执法机构的特制型号为10发。由于其优异的设计和性能，该型霰弹枪还保持着连续射击24000发而不出现故障的惊人纪录。直到今天，很多20世纪60、70年代生产的产品仍在可靠地使用中。雷明顿公司还推出了很多纪念和收藏版本，该型还有供左撇子射手使用的12号和16号口径的型号。

美国莫斯伯格 500 霰弹枪

英文名称：Mossberg 500	
研制国家：美国	
类型：霰弹枪	
制造厂商：莫斯伯格父子公司	
枪机种类：泵动式	
服役时间：1961年至今	
主要用户：美国、泰国、法国等	

基本参数	
口径	10.4毫米、15.53毫米、15.63毫米、18.53毫米
全长	355.6 ~ 762毫米
枪管长	762毫米
空枪重量	3.4千克
有效射程	40米
枪口初速	475米/秒
弹容量	9发

莫斯伯格500是美国莫斯伯格父子公司专门为警察和军事部队研制的泵动式霰弹枪。该枪也被广泛用于射击比赛、狩猎、居家自卫和实用射击运动。

莫斯伯格500霰弹枪有4种口径，分别为12号的500A型、16号的500B型、20号的500C型和.410的500D型。每种型号都有多种不同长度的枪管和弹仓、表面处理方式、枪托形状和材料。其中12号口径的500A型是最广泛的型号。莫斯伯格500霰弹枪的可靠性比较高，而且坚固耐用，加上价格合理，因此是雷明顿870霰弹枪有力的竞争对手。

▲ 莫斯伯格500霰弹枪战术型

▼ 装备了莫斯伯格500霰弹枪的美军士兵

美国 AA-12 霰弹枪

英文名称：Auto Assault-12

研制国家：美国

类型：霰弹枪

制造厂商：宪兵系统公司

枪机种类：开放式枪机

服役时间：1988年至今

主要用户：美国

基本参数	
口径	18.53毫米
全长	991毫米
枪管长	457毫米
空枪重量	5.2千克
有效射程	100米
枪口初速	350米 / 秒
弹容量	8发、弹鼓20发、弹鼓32发

AA-12是由美国枪械设计师麦克斯韦 · 艾奇逊于1972年开发的全自动战斗霰弹枪，当时他根据越南战争的经验，认为诸如在东南亚所常见的那种丛林环境中，渗透巡逻队的尖兵急需一种近程自卫武器，其火力和停止作用应比普通步枪大得多，又要瞄准迅速。

AA-12的准星和照门各安装在一个钢制的三角柱上，结构简单。准星可旋转调整高低，而照门通过一个转鼓调整风偏。设计中采用两种形式的鬼环瞄准具，其中一种外形为“8”字形的双孔照门，另一种是普通的单孔照门。目前的AA-12样枪上没有导轨系统，MPS公司（宪兵系统公司）计划将来增加导轨接口以方便安装各种战术附件，例如各种近战瞄准镜、激光指示器或战术灯等。

美国M26模组式霰弹枪

英文名称：M26 Modular Accessory Shotgun System
研制国家：美国
类型：霰弹枪
制造厂商：C-More系统
枪机种类：手动上膛
服役时间：2003年至今
主要用户：美国

Firearms

基本参数	
口径	18.53毫米
全长	610毫米
枪管长	197毫米
空枪重量	1.22千克
有效射程	40米
枪口初速	480米/秒
弹容量	5发

M26模组式霰弹枪是一种枪管下挂式霰弹枪，主要提供给美军的M16突击步枪及M4卡宾枪系列作为战术附件，也可装上手枪握把及枪托独立使用。2008年5月，M26开始进行批量生产，并装备在阿富汗的美军部队。

M26原本开发概念是20世纪80年代由士兵以截短型雷明顿870下挂于M16枪管的自制Masterkey霰弹枪。M26比Masterkey握持时较为舒适，采用可提高装填速度的可拆式弹匣供弹，有不同枪管长度的型号，手动枪机，拉机柄可选择装在左右两边，比传统泵动霰弹枪更为方便，枪口装置可前后调较以控制霰弹的扩散幅度及提高破障效果。

意大利弗兰基 SPAS-12 霰弹枪

英文名称：Special Purpose Automatic Shotgun-12
研制国家：意大利
类型：霰弹枪
制造厂商：弗兰基公司
枪机种类：泵动式/气动式
服役时间：1979年至今
主要用户：意大利、美国、英国等

Firearms ★★★

基本参数	
口径	18.53毫米
全长	1041毫米
枪管长	609毫米
空枪重量	4.4千克
有效射程	40米
枪口初速	400米/秒
弹容量	9发

SPAS-12霰弹枪是弗兰基公司在20世纪70年代后期设计的一种特种用途、军队和警察的近战武器。它最大的特点是可以选择半自动装填或传统的泵动装填方式操作，以适合不同的任务需求和弹药类型。

在战斗中有时需要较快的射击速度，但有时又必须射击一些无法产生足够气体压力让半自动霰弹枪完成自动循环的弹药（例如沙袋弹或催泪弹等），所以SPAS-12提供了两种射击形式：它能在半自动模式下迅速发射全威力弹例如鹿弹，又能转换成泵动装填方式以便可靠地发射低压弹。

意大利弗兰基 SPAS-15 霰弹枪

英文名称：Special Purpose Automatic Shotgun-15

研制国家：意大利

类型：霰弹枪

制造厂商：弗兰基公司

枪机种类：泵动式/半自动

服役时间：1986年至今

主要用户：意大利、英国、瑞士等

Firearms ★★★

基本参数	
口径	18.53毫米
全长	1000毫米
枪管长	450毫米
空枪重量	3.9千克
有效射程	40米
枪口初速	400米/秒
弹容量	9发

SPAS-15是由意大利弗兰基公司设计和生产的可半自动可泵动及弹匣供弹式霰弹枪，其设计本身是针对SPAS-12的一些缺点进行了改进，其结构和原理很像突击步枪，在外形上也跟意大利军队装备的伯莱塔AR-70/90突击步枪很接近。

为了提高火力，除了保留原来的导气式操作半自动装填外，还改用可拆卸的单排盒形弹匣供弹，可卸式弹匣比起传统管状霰弹枪弹仓能提高装填速度。此外还保留了既可半自动又可改用泵动的做法，允许发射膛压较低的非致命弹药。

意大利伯莱塔 S682 霰弹枪

英文名称：Beretta S682

研制国家：意大利

类型：双管霰弹枪

制造厂商：伯莱塔公司

枪机种类：中折式

服役时间：1984年至今

主要用户：意大利

基本参数	
口径	18.53毫米
全长	1100毫米
枪管长	864毫米
空枪重量	3.75千克
有效射程	40米
枪口初速	345米/秒
弹容量	2发

S682系列是意大利伯莱塔公司设计制造的霰弹枪，包括多向、双向和豪华三种型式。该枪在历届奥运会和国际性射击比赛中多次获奖，深受各国射手欢迎。S682系列结构设计合理，加工精致，工作可靠，射击精度高。

该枪的机匣设计精细，褪光性能好。特殊的热处理工艺提高了耐磨性与耐用性，特殊的镀铬层提高了耐腐蚀性能。扳机可在3个位置调整，其行程为8毫米，一般可调整到大多数射手需要的位置。该枪可配不同结构的木托和护木，且更换方便。S682系列发射12号霰弹，枪口部装有3×13毫米发光型标准准星。

意大利伯奈利M1 Super 90霰弹枪

英文名称：M1 Super 90
研制国家：意大利
类型：霰弹枪
制造厂商：伯奈利公司
枪机种类：半自动
服役时间：1980年至今
主要用户：意大利、美国、英国等

基本参数	
口径	18.53毫米
枪管长	508毫米
空枪重量	3.63千克
有效射程	40米
枪口初速	385米/秒
弹容量	8发

M1 Super 90是伯奈利公司在20世纪80年代中期为军队和执法机构研制的半自动霰弹枪。该枪采用惯性后坐原理实现自动装填，这是一种简单且可靠的自动原理，但缺点是不适合发射压力较低的弹药。M1 Super 90的基本结构为传统的双管形式，即在枪管下面并排着管状的弹仓。

该枪枪管用镍铬钼钢制成，内膛镀铬。机匣采用高强度合金制造，表面经过发暗阳极氧化处理。枪托、小握把和护木都采用防腐碳纤维材料。机械瞄准具有缺口式照门的霰弹枪瞄准具，也有鬼环式霰弹枪瞄准具可供用户选择。手动保险是横贯枪机的，其操作按钮在扳机护圈的前方。M1 Super 90有空仓挂机功能，按压拉机柄下方的按钮可解脱空仓挂机。

意大利伯奈利 M3 Super 90 霰弹枪

英文名称：M3 Super 90

研制国家：意大利

类型：霰弹枪

制造厂商：伯奈利公司

枪机种类：半自动操作

服役时间：1999年至今

主要用户：意大利、美国、英国等

Firearms ★★★

基本参数	
口径	18.53毫米
全长	1200毫米
枪管长	660毫米
空枪重量	3.54千克
有效射程	40米
枪口初速	385米/秒
弹容量	7发

M3 Super 90是一种可半自动可泵动式两用霰弹枪，发射12号口径霰弹。由意大利枪支制造商伯奈利公司设计及生产。M3 Super 90以半自动的M1 Super 90为基础改进而成，最多可装7发弹药。

M3 Super 90可选择半自动或泵动运作。可靠与多用途令M3 Super 90受到警察部队和民间运动员的喜爱。M3 Super 90有多种衍生型，包括为了令执法单位较易携带而装上折叠式枪托的M3T，还有更短版本。

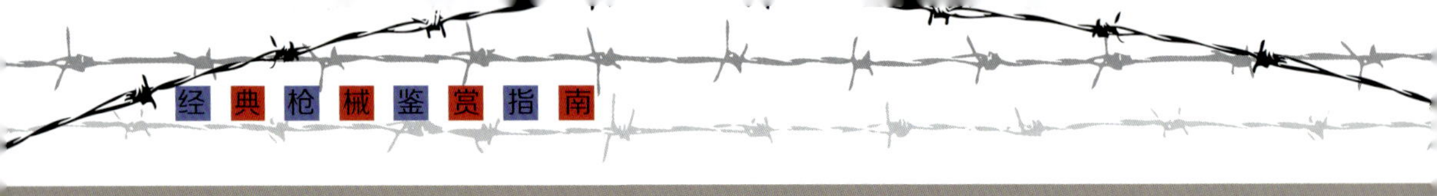

意大利伯奈利 M4 Super 90 霰弹枪

英文名称：M4 Super 90
研制国家：意大利
类型：霰弹枪
制造厂商：伯奈利公司
枪机种类：转栓式枪机
服役时间：1999年至今
主要用户：意大利

基本参数	
口径	18.53毫米
全长	885毫米
枪管长	470毫米
空枪重量	3.82千克
有效射程	40米
枪口初速	385米/秒
弹容量	8发

M4 Super 90是由意大利伯奈利公司设计和生产的半自动霰弹枪（战斗霰弹枪），被美军采用并命名为M1014战斗霰弹枪。

M4 Super 90是半自动霰弹枪，但采用了新设计的导气式操作系统，而不是原来的惯性后坐系统。枪机仍然采用有与M1和M3相同的双闭锁凸笋机头，但在枪管与弹仓之间的左右两侧以激光焊接法并排焊有2个活塞筒，每个活塞筒上都有导气孔和一个不锈钢活塞，在活塞筒的前面螺接有排气杆，排气杆上有弹簧阀，多余的火药气体通过弹簧阀逸出。M4 Super 90的伸缩式枪托很特别，其贴腮板可以向右倾斜，这样可以方便戴防毒面具进行贴腮瞄准。

意大利伯奈利 Nova 霰弹枪

英文名称： Benelli Nova

研制国家： 意大利

类型： 霰弹枪

制造厂商： 伯奈利公司

枪机种类： 泵动式

服役时间： 1990年至今

主要用户： 美国、意大利

基本参数	
口径	18.53毫米
全长	1257毫米
枪管长	711毫米
空枪重量	3.63千克
有效射程	50米
枪口初速	400米/秒
弹容量	8发

Nova（“新星”）霰弹枪是意大利伯奈利公司在20世纪90年代后期研制的泵动霰弹枪，其流线形外表极具科幻风格。Nova霰弹枪是伯奈利公司第一次开发的泵动霰弹枪，原本是作为民用猎枪开发的，但很快就推出了面向执法机构和军队的战术型。

Nova霰弹枪采用独特的钢增强塑料机匣，机匣和枪托是整体式的单块塑料件，机匣部位内置有钢增强板。枪托内装有高效的后坐缓冲器，因此发射大威力的马格努姆弹时也只有较低的后坐力。托底板有橡胶后坐缓冲垫，也有助于控制后坐感。

苏联/俄罗斯KS-23霰弹枪

英文名称：KS-23
研制国家：苏联
类型：霰弹枪
制造厂商：图拉兵工厂
枪机种类：泵动式
服役时间：1981年至今
主要用户：苏联、俄罗斯

基本参数	
口径	23毫米
全长	1040毫米
枪管长	510毫米
空枪重量	3.85千克
有效射程	150米
枪口初速	210米/秒
弹容量	3发

KS-23霰弹枪的研制始于20世纪70年代，当时苏联内务部要寻找一种用于控制监狱暴动的防暴武器，经过反复研究后，决定用接近4号口径的霰弹枪，可以把催泪弹准确地投掷至100～150米远。为了达到预期的精度，还决定使用线膛枪管。按照这样的要求，中央科研精密机械设备建设研究所在1981年设计出了23毫米口径的KS-23霰弹枪。

KS-23采用泵动原理供弹，管状弹仓并列于枪管下方，再加上所发射的弹药和霰弹结构很相似，都是铜弹底和纸壳，所以在许多资料中都被称为霰弹枪。但该枪却采用线膛枪管，其名称KS-23的意思其实是“23毫米特种卡宾枪”。目前，KS-23系列仍然是俄罗斯执法部队所使用的防暴武器。KS-23还有一种民用型，名为TOZ-123，与KS-23原型相比，改为标准的4号口径滑膛枪管。

苏联 / 俄罗斯 Saiga-12 霰弹枪

英文名称：Saiga-12	
研制国家：苏联	
类型：霰弹枪	
制造厂商：伊兹马什公司	
枪机种类：转栓式枪机	
服役时间：1990年至今	
主要用户：苏联、俄罗斯	

基本参数	
口径	18.53毫米
全长	1145毫米
枪管长	580毫米
空枪重量	3.6千克
有效射程	100米
枪口初速	280米/秒
弹容量	8发

Saiga-12霰弹枪由俄罗斯伊兹马什公司在20世纪90年代早期研制，其结构和原理基于AK突击步枪，包括长行程活塞导气系统，两个大形闭锁凸笋的转栓式枪机、盒形弹匣供弹。

Saiga-12有.410、20号和12号三种口径。每种口径，都至少有三种类型，分别有长枪管和固定枪托、长枪管和折叠式枪托、短枪管和折叠枪托。后者主要适合作为保安、警察和自卫武器，而且广泛地被很多俄罗斯执法人员和私人安全服务机构使用。作为一种可靠又有效的近距离狩猎或近战用霰弹枪，Saiga-12的优点是比伯奈利、弗兰基和其他著名的西方霰弹枪要便宜得多。

南非“打击者”霰弹枪

英文名称：Striker

研制国家：南非

类型：霰弹枪

制造厂商：哨兵武器公司

枪机种类：纯双动操作扳机

服役时间：1980年至今

主要用户：南非、以色列

基本参数	
口径	18.53毫米
全长	792毫米
枪管长	305毫米
空枪重量	4.2千克
有效射程	40米
枪口初速	260米/秒
弹容量	12发

“打击者”霰弹枪是由南非枪械设计师希尔顿·沃克于20世纪80年代研制并且由哨兵武器有限公司生产的防暴控制和战斗用途霰弹枪，发射12号口径霰弹。在80年代中期，这种霰弹枪向世界各地如南非、美国和其他一些国家都有出售。

“打击者”霰弹枪的主要优点是弹容量大，相当于当时传统霰弹枪弹容量的两倍，而且具有速射能力。即使它在这方面是成功的，但另一方面却有着它的明显缺陷，其旋转式弹巢型弹鼓的体积也过大，而且装填速度较慢，一些基本动作并非没有缺陷。

韩国 USAS-12 霰弹枪

英文名称：USAS-12
研制国家：韩国
类型：霰弹枪
制造厂商：大宇集团
枪机种类：转栓式枪机
服役时间：1989年至今
主要用户：韩国、哥伦比亚

Firearms

基本参数	
口径	18.53毫米
全长	960毫米
枪管长	460毫米
空枪重量	5.5千克
有效射程	40米
枪口初速	300~400 米/秒
弹容量	10发、20发

USAS-12是由美国吉尔伯特设备有限公司在20世纪80年代设计，交由韩国大宇集团所生产的一种全自动战斗霰弹枪，发射12号口径霰弹。

USAS-12采用导气式操作原理，导气系统位于枪管上方，枪机为回转式闭锁原理，为了降低后坐力，采用枪机长行程后坐，这样也降低了全自动时的射速。USAS-12用大容量弹匣或弹鼓供弹，容弹量分别为10发和20发，这两种供弹具均由聚合物制成，其中弹鼓的背板为半透明材料，可让射手观察余弹数。USAS-12的缺点是很笨重，虽然这样的重量有助于抵消部分后坐力。

第6章

机枪

霰机枪是指全自动、可快速连续发射的枪械，通常分为轻机枪、重机枪和通用机枪等。机枪为了满足连续射击的稳定需要，通常备有两脚架及可安装在三脚架或固定枪座上，以扫射为主要攻击方式，透过密集火网压制对方火力点或掩护己方进攻。除了攻击有生目标之外，也可以射击其他无装甲防护或薄装甲防护的目标。

美国M60通用机枪

英文名称：M60 Machine Gun

研制国家：美国

类型：通用机枪

制造厂商：萨科防务公司

枪机种类：气动式、开放式枪机

服役时间：1957年至今

主要用户：美国、英国、意大利等

基本参数	
口径	7.62毫米
全长	1077毫米
枪管长	560毫米
空枪重量	12千克
有效射程	1100米
枪口初速	853米/秒
弹容量	50发、100发、200发

M60通用机枪从20世纪50年代末开始在美军服役，直到现在仍是美军的主要步兵武器之一。

M60通用机枪总体来说性能还算优秀，但也有一些设计上的缺点，例如早期型M60的机匣进弹有问题，需要托平弹链才能正常射击。而且该枪的重量较大，不利于士兵携行，射速也相对较低，在压制敌人火力点的时候有点力不从心。

美国M249轻机枪

英文名称：M249

研制国家：美国

类型：轻机枪

制造厂商：FN公司

枪机种类：气动式、开放式枪机

服役时间：1984年至今

主要用户：美国、泰国、墨西哥等

基本参数	
口径	5.56毫米
全长	1041毫米
枪管长	521毫米
空枪重量	7.5千克
有效射程	1000米
枪口初速	915米/秒
供弹方式	M27弹链

M249轻机枪是美国以比利时FN公司的FN Minimi轻机枪为基础改进而成的，从1984年开始至今仍在美军服役。

M249轻机枪使用装有200发弹链供弹，在必要时也可以使用弹匣供弹。该枪在护木下配有可折叠式两脚架，并可以调整长度，也可以换用三脚架。此外，相对FN Minimi轻机枪来说，M249轻机枪的改进包括加装枪管护板，采用新的液压气动后坐缓冲器等。

美国斯通纳 63 轻机枪

英文名称：Stoner 63

研制国家：美国

类型：轻机枪

制造厂商：凯迪拉克盖集公司

枪机种类：转栓式枪机

服役时间：1963年至今

主要用户：美国

基本参数	
口径	5.56毫米
全长	1022毫米
枪管长	508毫米
空枪重量	5.3千克
有效射程	500米
枪口初速	990米/秒
弹容量	30发、100发

斯通纳63轻机枪是由尤金 · 斯通纳设计的。越南战争中，该枪是美国海豹突击队的主要武器之一。

斯通纳63轻机枪采用开放式枪机设计，机匣右边供弹，左边抛壳，导气管位于枪管下方。该枪所使用的5.56 × 45毫米北约（NATO）可散式弹链在改进后成为了M27弹链，也就是是现代美军和北约国家通用的轻机枪弹链。

斯通纳63轻机枪的枪管可快速更换，能在轻机枪与步枪之间转换。该枪具有良好的可靠性和通用性，即便是在潮湿闷热的越南丛林仍可有效地运作。

美国阿瑞斯“伯劳鸟”轻机枪

英文名称：Ares Shrike
研制国家：美国
类型：轻机枪
制造厂商：阿瑞斯防务系统公司
枪机种类：气冷式转栓式枪机
服役时间：2002年至今
主要用户：美国

基本参数	
口径	5.56毫米
全长	711.2～1016毫米
枪管长	330.2～508毫米
空枪重量	3.4千克
有效射程	500米
枪口初速	900米/秒
弹容量	20发、30发、100发

“伯劳鸟”轻机枪是由美国阿瑞斯防务系统公司研制生产的。该枪的特点是既能够达到轻机枪的实际射速，又能像突击步枪那样轻盈和紧凑。阿瑞斯防务系统公司的目的就是让“伯劳鸟”轻机枪成为最轻的弹链供弹机枪。

后来阿瑞斯防务系统公司在“伯劳鸟”轻机枪的基础上又研发并推出了EXP-1、EXP-2和阿瑞斯AAR等不同的衍生型号。这些衍生型配备了5条MIL-STD-1913战术导轨，这使它们能够安装各种商业型光学瞄准镜、反射式瞄准镜、红点镜、全息瞄准镜、夜视镜、热成像仪和战术灯等。

美国 M1941 轻机枪

英文名称：M1941

研制国家：美国

类型：轻机枪

制造厂商：FMA公司

枪机种类：后坐作用式

服役时间：1941~1945年

主要用户：美国

基本参数	
口径	7.62毫米
全长	1100毫米
枪管长	560毫米
空枪重量	5.9千克
有效射程	548米
枪口初速	853.6米/秒
弹容量	20发

M1941最开始被设计出来时是一种采用短程反冲复进机构的军用步枪，后来经过一系列的改进之后才变成了轻机枪。相比当时很流行的M1918轻机枪来说，M1941轻机枪的优势在于重量轻和分解结合比较容易。不过，M1941轻机枪有一个缺点，在使用一段时间之后，枪管会有一点点扭曲变形的状况。

美军在太平洋战争中装备了M1941轻机枪，但在使用中发现，该枪无法适应沙尘和泥水的环境，虽然后来有经过改良（改良版为M1944）但还是没能解决核心问题，于是1944年该枪停产。二战结束后，美国有不少的枪械设计都使用了M1941轻机枪的设计概念，例如AR-10自动步枪和AR-15自动步枪。

美国 M1917 重机枪

英文名称：M1917 Machine Gun

研制国家：美国

类型：重机枪

研发者：勃朗宁

枪机种类：枪管短后坐式

服役时间：1917～1968年

主要用户：美国

基本参数	
口径	7.62毫米
全长	965毫米
枪管长	610毫米
空枪重量	47千克
最大射程	900米
枪口初速	853米/秒
弹容量	250发

M1917重机枪是美国著名枪械设计师勃朗宁研发的，于1917年成为美军制式武器，是一战和二战上美军的主力重机枪。

M1917重机枪的枪管使用水冷方式冷却，在枪管外套上有一个可以容纳3.3升水的套筒。该枪体积不算太大，但是算上脚架却有47千克的质量，因此显得非常笨重。除了这些之外，该枪总体来说性能还算优秀（相对于当时来说），在一战中被广泛使用，二战以及之后的局部战争中也有使用。

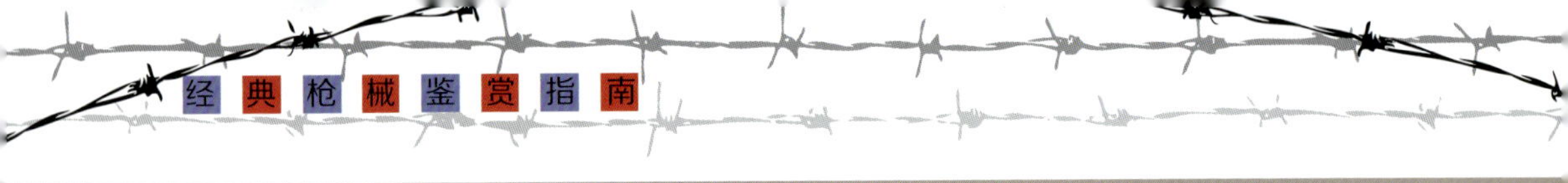

美国 M2 重机枪

英文名称：M2 Machine Gun
研制国家：美国
类型：重机枪
研发者：勃朗宁
枪机种类：后坐作用
服役时间：1933年至今（M2HB）
主要用户：美国、德国、伊拉克等

基本参数	
口径	12.7毫米
全长	1650毫米
枪管长	1140毫米
空枪重量	38千克
有效射程	1830米
枪口初速	930 米/秒
弹容量	110发

M2重机枪其实是勃朗宁M1917的口径放大重制版本。1921年，新枪完成基本设计，1923年美军把当时的M2命名为“M1921”，并用于防空及反装甲用途。

M2重机枪使用12.7毫米口径 NATO弹药，并且有高火力、弹道平稳、极远射程的优点，每分钟450～550发（二战时空用版本为每分钟600～1200发）的射速及后坐作用系统令其在全自动发射时十分稳定，射击精准度高。

▲ 搭在三脚架上的M2重机枪

▼ 二战期间的M2重机枪

美国 M134 重机枪

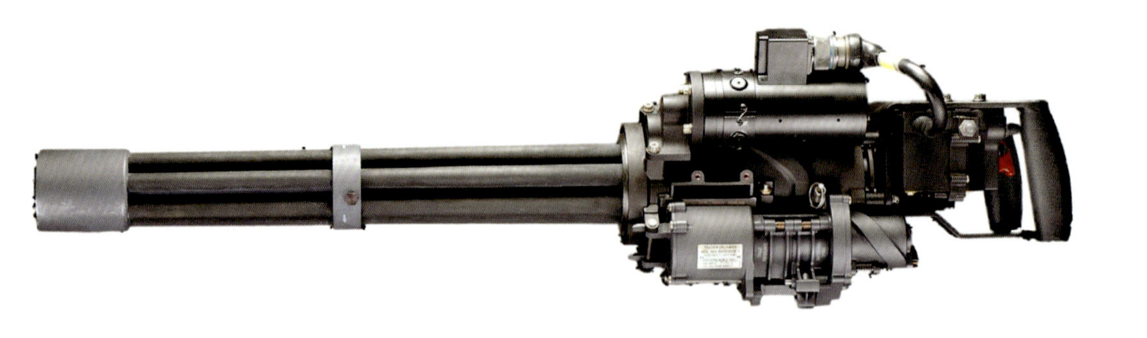

英文名称：M134 Minigun
研制国家：美国
类型：重机枪
制造厂商：通用电气公司
枪机种类：电动机驱动的旋转膛室
服役时间：1963年至今
主要用户：美国、英国、奥地利等

基本参数	
口径	7.62毫米
全长	800毫米
枪管长	559毫米
空枪重量	15.9千克
最大射程	1000米
枪口初速	869米/秒
供弹方式	弹链

M134重机枪于1963年研发，并在当年服役，主要装备于武装车辆、舰船以及各型飞机。由于该枪火力威猛、弹速密集，常常被戏称为“迷你炮”。虽然该枪已诞生50多年，但依然在多个国家的军队中服役，其中包括美国、英国、奥地利、法国、德国、澳大利亚和加拿大等。

M134采用的是加特林机枪原理，用电动机带动6根枪管转动，在转动的过程中依次完成输弹入膛、闭锁、击发、退壳、抛壳等系列动作。其电机电源为24～28V直流电，工作电流100A，启动电流为300A。

▲ M134重机枪及其弹链

▼ 一名士兵正在使用M134重机枪

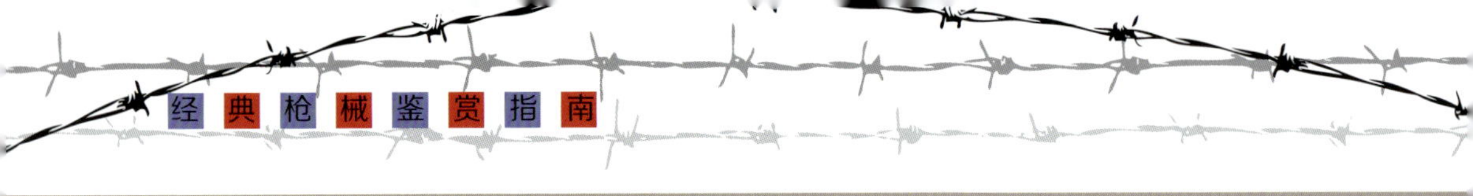

美国M1919A4重机枪

英文名称：M1919A4

研制国家：美国

类型：重机枪

制造厂商：美国军械局

枪机种类：全自动，风冷式

主要用户：美国军队

基本参数	
口径	7.62毫米
全长	964毫米
枪管长	610毫米
空枪重量	14千克
有效射程	1500米
枪口初速	850米/秒
弹容量	250发

珍珠港事件后，M1919A4逐步取代了大多数M1917及其改进型M1917A1，成为二战期间美国陆军最主要的连级机枪，直至大战结束后许多国家的军队还继续装备了一段时间。

M1919A4采用枪管短后坐式工作原理，卡铁起落式闭锁机构。机匣呈长方体结构，内装自动机构组件。枪弹击发后，枪机和枪管只共同后坐一小段行程，机匣中的两个开锁斜面同时下压闭锁卡铁两侧的销轴，迫使闭锁卡铁滑出枪机下部的闭锁槽，于是枪机开锁，脱离枪管节套，单独后坐；枪管节套在惯性作用下向后运动，压缩枪管复进簧。后坐过程中，枪机从弹带中抽出一发枪弹，抽壳钩从弹膛内抽出发射过的弹壳。枪机后坐到位后，复进簧伸缩，推动枪机复进，抛壳挺撞击弹壳，使之向下方抛出。枪机继续复进，完成推弹入膛、枪机与枪管的闭锁动作。在枪机与枪管共同复进过程中，打击枪弹底火，完成一个自动循环过程。

美国M1919A6重机枪

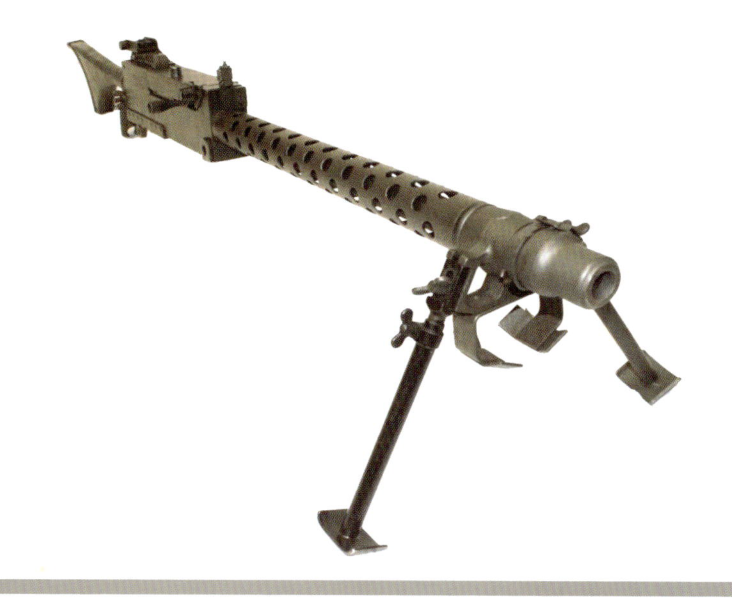

英文名称：M1919A6
研制国家：美国
类型：重机枪
制造厂商：柯尔特公司
枪机种类：枪管短后坐式
研制时间：1943年
主要用户：美国军队

基本参数	
口径	7.62毫米
全长	1346毫米
枪管长	610毫米
空枪重量	14.7千克
有效射程	1000米
枪口初速	850米/秒
弹容量	250发

研制M1919A6重机枪的目的是为了弥补美军战场上火力空缺，其设计借鉴于M1919A4等。1943年2月17日，美军正式将这种改进型武器列入制式装备，命名为M1919A6重机枪。

M1919A6重机枪继承了一些M1919A4重机枪的优点，两种机枪相比，前者比后者重量要轻，这样增加了机动能力。M1919A6重机枪在散热筒前增加了两脚架，还增加了鱼尾形的枪托，这样可以兼作轻机枪用。该枪重达14.7千克，事实证明它不能完全满足战场上官兵们作战地点不断变化的要求。即便如此，该枪仍生产了43000挺。

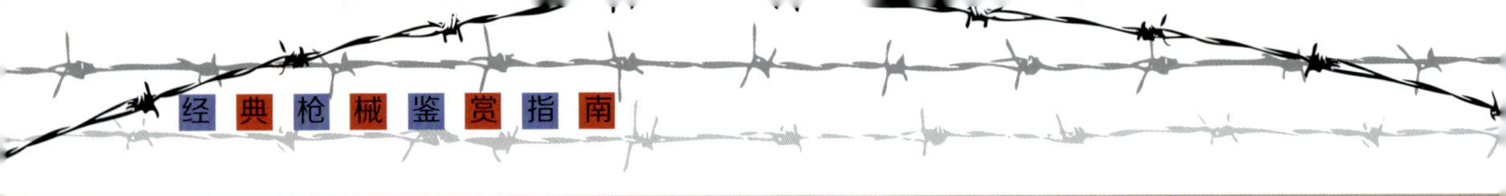

英国刘易斯轻机枪

英文名称：Lewis Gun

研制国家：英国

类型：轻机枪

制造厂商：伯明翰轻武器有限公司等

枪机种类：导气式

服役时间：1914～1953年

主要用户：英国、比利时、加拿大等

基本参数	
口径	7.7毫米
全长	1283毫米
枪管长	666毫米
空枪重量	11.8千克
有效射程	800米
枪口初速	745米/秒
弹容量	47发、97发

刘易斯轻机枪的性能和实用性都非常优秀，1914年，由于该枪优秀可靠的性能，被英军采用，并作为制式轻机枪。

刘易斯轻机枪的散热设计非常独特，枪管外包有又粗又大的圆柱形散热套管，里面装有铝制的散热薄片。射击时，火药燃气向前高速喷出，在枪口处形成低压区，使空气从后方进入套管，并沿套管内散热薄片形成的沟槽前进，带走热量。这种独创的抽风式冷却系统比当时机枪普遍采用的水冷装置更为轻便实用。

英国布伦轻机枪

英文名称：Bren
研制国家：英国
类型：轻机枪
制造厂商：恩菲尔德兵工厂等
枪机种类：长行程导气式活塞
服役时间：1938～1958年
主要用户：英国、美国、加拿大等

基本参数	
口径	7.62毫米
全长	1156毫米
枪管长	635毫米
空枪重量	10.35千克
有效射程	550米
枪口初速	743.7米/秒
弹容量	20发、30发、弹鼓100发

布伦轻机枪是英国在二战中装备的主要轻机枪之一，也是二战中最好的轻机枪之一。

布伦轻机枪采用导气式工作原理，枪机偏转式闭锁方式。该枪的枪管口装有喇叭状消焰器，在导气管前端有气体调节器，并设有4个调节挡，每一挡对应不同直径的通气孔，可以调整枪弹发射时进入导气装置的火药气体量。该枪拉机柄可折叠，并在拉机柄、抛壳口等机匣开口处设有防尘盖。

英国马克沁重机枪

英文名称：Maxim Gun

研制国家：英国

类型：重机枪

研发者：海勒姆 · 马克沁

枪机种类：全自动

服役时间：1889～1945年

主要用户：英国、美国、苏联等

Firearms

基本参数	
口径	7.69毫米
全长	1079毫米
枪管长	673毫米
空枪重量	27.2千克
有效射程	2000米
枪口初速	744米/秒
弹容量	250发

马克沁重机枪是由海勒姆 · 马克沁于1883年发明的，原型枪在1884年10月招待客人时首次对外展示，马克沁机枪的发明对其他国家重机枪的设计有着较大的影响。

由于枪管连续的高速发射子弹，会导致发热，为了解决这一问题，马克沁重机枪采用水冷方式帮助枪管冷却。为了保证有足够子弹满足这种快速发射的需要，马克沁发明了帆布子弹带，带长6.4米，容量333发。弹带端还有锁扣装置，以便可以连接更多子弹带。

英国维克斯重机枪

英文名称：Vickers

研制国家：英国

类型：重机枪

研发者：维克斯

枪机种类：后坐式，水冷却

服役时间：1912～1968年

主要用户：英国、美国、以色列等

基本参数	
口径	7.7毫米
全长	1156毫米
枪管长	724毫米
空枪重量	18.2千克
有效射程	1500米
枪口初速	744米/秒
弹容量	250发

维克斯重机枪是马克沁机枪的衍生产品，而且是衍生产品中最优秀的一种。基于马克沁机枪成功的设计，维克斯机枪做了一系列的改进。在1918年8月攻占海伍德（High Wood）的战争中，英军首次将共10挺的维克斯机枪投入实战，并创造了在12小时内平均每挺机枪发射约10万发子弹的记录。

为了避免在持续射击时枪管过热，维克斯重机枪配备了可快速更换的枪管，包覆于连接了容量4升的冷凝罐的水桶中。一般来说，维克斯重机枪连续发射约3000发子弹后，水桶中的水就会达到沸点；此后，每发射约1000发子弹，就会蒸发约1升的水。但是如果用一根橡胶管把水桶与冷凝罐连接起来，就可以令水循环使用。

德国 MG3 通用机枪

英文名称：Machine Gun 3

研制国家：德国

类型：通用机枪

制造厂商：莱茵金属公司

枪机种类：后坐作用、滚轴式闭锁

服役时间：1969年至今

主要用户：德国、法国、意大利等

基本参数	
口径	7.62毫米
全长	1225毫米
枪管长	565毫米
空枪重量	11.5千克
有效射程	1200米
枪口初速	820米/秒
弹容量	50发、100发

MG3是德国莱茵金属公司所生产的弹链供弹通用机枪。该枪以钢板压制方式生产，采用后坐力枪管后退式作用运作，内有一对滚轴的滚轴式闭锁枪机系统，这种设计令枪管在发射时会不断水平来回移动，当枪管移至机匣内部到尽时，闭锁会开启，在MG3的枪管进行连续射击时，这个过程会在枪管护套内不断地快速重复。此系统属于一种全闭锁系统，而枪管亦会溢出射击时的瓦斯，并在枪口四周呈星形喷出，在夜间容易产生巨大的射击火焰。MG3只能全自动发射，当开启保险制时击锤会锁定，无法释放。

MG3的枪托以聚合物料制造，护木下方装有两脚架及采用射程可调的开放式照门，机匣顶部亦有一个防空用的照门。当加装三脚架作阵地固定式机枪时，会加装一个机枪用望远式瞄准镜作长程瞄准用途。

德国 MG13 轻机枪

英文名称：Machine Gun 13
研制国家：德国
类型：轻机枪
制造厂商：莱茵金属公司
枪机种类：短冲程后坐作用
服役时间：1930～1945年
主要用户：德国

基本参数	
口径	7.92毫米
全长	1148毫米
枪管长	718毫米
空枪重量	12千克
最大射程	2000米
枪口初速	838米/秒
弹容量	25发、75发

MG13轻机枪是由M1918水冷式轻机枪改造而来的。该枪是德军在20世纪30年代的主要武器装备之一，并在二战中使用。MG13轻机枪的气冷式枪管可迅速更换，发射机构可进行连发射击，也可单发射击。该枪设有空仓挂机，即最后一发子弹射出后，使枪机停留在弹仓后方。

MG13轻机枪使用25发弧形弹匣供弹，也可使用75发弹鼓，所用弹药为德国毛瑟98式7.92毫米枪弹，弹壳为无底缘瓶颈式。另外，该枪使用机械瞄准具，配有弧形表尺，折叠式片状准星和U形缺口式照门。

德国MG15航空机枪

英文名称：Machine Mun 15

研制国家：德国

类型：航空机枪

制造厂商：莱茵金属公司等

枪机种类：后坐作用

服役时间：1932～1945年

主要用户：德国

基本参数	
口径	7.9毫米
全长	1078毫米
枪管长	690毫米
空枪重量	12.4千克
有效射程	800米
枪口初速	755米/秒
弹容量	75发

MG15航空机枪是德国莱茵金属公司在MG30轻机枪基础上研制的，二战中曾将其临时装上枪托和脚架作地面武器使用。到了二战中后期，由于各国飞机的防护性能提升，该枪的威力已经不能满足空战需要，因此许多MG15航空机枪从飞机上拆下，经改造后装备德国空军地面部队。

MG15航空机枪采用枪管短后坐式工作原理，供弹机构为马鞍形弹鼓。击发机构为击针式，利用复进簧能量击发。发射机构为连发发射机构，由阻铁直接控制枪机成待发状态。

德国 MG17 航空机枪

英文名称：Machine Gun 17
研制国家：德国
类型：航空机枪
制造厂商：莱茵金属公司等
枪机种类：枪管后坐作用
服役时间：1934～1945年
主要用户：德国

基本参数	
口径	8毫米
全长	1175毫米
枪管长	710毫米
空枪重量	10.2千克
有效射程	800米
枪口初速	855米/秒
弹容量	500发

MG17是二战中德国空军固定在飞机上使用的一种航空机枪，由莱茵金属公司制造。该枪曾被安装在Bf-109、Bf-110、Fw-190、Ju-87、Ju-88C、He-111等作战飞机上。

到了二战后期，MG17航空机枪开始被更大口径的机枪和机炮代替，到了1945年几乎没有飞机再使用这种机枪了。此外，部分MG17航空机枪还被改装为步兵使用的重型武器。截止到1944年1月1日，德国官方公布的生产数量为24271挺。

德国 MG30 轻机枪

英文名称：Machine Gun 30

研制国家：德国

类型：轻机枪

制造厂商：莱茵金属公司

枪机种类：短冲程后坐作用式

服役时间：1930～1940年

主要用户：德国、奥地利、瑞士等

基本参数	
口径	7.92毫米
全长	1172毫米
枪管长	600毫米
空枪重量	12千克
有效射程	1000米
枪口初速	808米/秒
弹容量	30发

MG30轻机枪是德国莱茵金属公司于20世纪30年代研制的。尽管只有少量该枪装备于德军，但该枪开启了德国气冷式轻机枪的先河，为后来研制出MG15通用机枪、MG17航空机枪、MG34通用机枪以及大名鼎鼎的MG42通用机枪打下了坚实的技术基础。

MG30轻机枪的结构简单，容易大规模生产，采用弹匣供弹，性能比较可靠。MG30轻机枪大部分被奥地利和瑞士军队所装备，由于MG34通用机枪的出现，MG30轻机枪很快便从一线部队退出，仅在二线部队中使用。

德国 MG34 通用机枪

英文名称：Machine Gun 34

研制国家：德国

类型：通用机枪

制造厂商：毛瑟公司等

枪机种类：气动式

服役时间：1935～1945年

主要用户：德国、乌克兰、西班牙等

基本参数	
口径	7.92毫米
全长	1219毫米
枪管长	627毫米
空枪重量	12.1千克
有效射程	800米
枪口初速	755米/秒
弹容量	50发、75发、200发

MG34通用机枪是20世纪30年代德军步兵的主要机枪，也是其坦克及车辆的主要防空武器。该枪是世界上第一种大批量生产的现代通用机枪，既可作为轻机枪使用，也可作为重机枪使用。二战中，德国还生产了许多MG34通用机枪的改良型机枪，如MG34S和MG34/41通用机枪等。

MG34通用机枪的发射机构具有单发和连发功能，扣压扳机上凹槽时为单发射击，扣压扳机下凹槽或用两个手指扣压扳机时为连发射击。MG34可用弹链直接供弹，作轻机枪使用时的弹链容弹量为50发，作重机枪使用时用50发弹链，弹容量为250发，此外，该枪还可用50发弹链装入的单室弹鼓或75发非弹链的双室弹鼓挂于机匣左面作供弹。

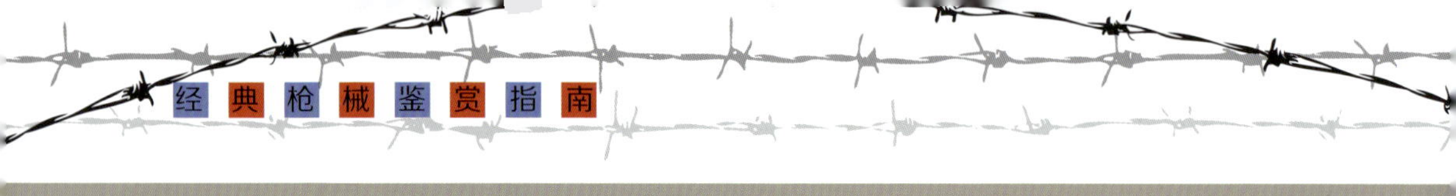

德国 MG42 通用机枪

英文名称：Machine Gun 42

研制国家：德国

类型：通用机枪

制造厂商：毛瑟公司等

枪机种类：滚轮式枪机

服役时间：1942～1959年

主要用户：德国、荷兰、西班牙

基本参数	
口径	7.92毫米
全长	1120 毫米
枪管长	533毫米
空枪重量	11.57千克
有效射程	1000米
枪口初速	755米/秒
弹容量	250发

MG42通用机枪是德国于20世纪30年代研制的，它是二战中最著名的机枪之一。MG34通用机枪装备德军后，因其在实战中表现出较好的可靠性，很快得到了德国军方的肯定，从此成为德国步兵的火力支柱。MG34有一个比较严重的缺点，即结构复杂，而复杂的结构直接导致制造工艺的复杂，因此不能大批量的生产。

MG42通用机枪采用枪管短后坐式工作原理，滚柱撑开式闭锁机构，击针式击发机构。该枪的供弹机构与MG34通用机枪相同，但发射机构只能连发射击，机构中设有分离器，不管扳机何时放开，均能保证阻铁完全抬起，以保护阻铁头不被咬断。

德国 HK21 通用机枪

英文名称：HK21
研制国家：德国
类型：通用机枪
制造厂商：HK公司等
枪机种类：滚轮延迟反冲式
服役时间：1961年至今
主要用户：德国

基本参数	
口径	7.62毫米
全长	1021毫米
枪管长	450毫米
空枪重量	7.92千克
有效射程	1200米
枪口初速	800米/秒
弹容量	20发、50发、80发、100发

HK21通用机枪是HK公司于1961年以HK G3战斗步枪为基础研制的，目前仍在亚洲、非洲和拉丁美洲多个国家的军队中服役。

HK21通用机枪采用击发调变式滚轮延迟反冲式闭锁。枪机上有两个圆柱滚子作为传输元件，以限制驱动重型枪机框的可动闭锁楔铁。该枪除配用两脚架作轻机枪使用外，还可装在三脚架上作重机枪使用。两脚架可安装在供弹机前方或枪管护筒前端两个位置，不过安装在供弹机前方时，虽可增大射界，但精度有所下降；安装在枪管护筒前端时，虽射界减小，但可提高射击精度。

德国HK MG4轻机枪

英文名称：Heckler & Koch MG4

研制国家：德国

类型：轻机枪

制造厂商：HK公司

枪机种类：转栓式枪机

服役时间：2001年至今

主要用户：

德国、西班牙、巴西、马来西亚等

基本参数	
口径	5.56毫米
全长	1030毫米
枪管长	450毫米
空枪重量	8.15千克
有效射程	1000米
枪口初速	920米/秒
弹容量	200发

MG4轻机枪的设计充分考虑了轻便性和双手持枪操作的灵活性。机匣上配备导轨系统，可加装多种战术配件，同时支持安装三脚架，以增强射击时的稳定性和精度。该机枪采用气动式自动原理和转栓式枪机，弹壳通过机匣底部排出。MG4轻机枪的枪托为可折叠设计，便于携带和快速部署。由于该机枪采用纯弹链供弹，操作时需将弹箱或弹袋挂于机匣左侧，以确保供弹顺畅。相应地，射击过程中排出的空弹壳从机匣底部弹出。

MG4轻机枪共有三种主要型号：标准型MG4、出口型MG4E以及短枪管出口型MG4KE。MG4轻机枪采用模块化设计，可根据不同任务需求快速更换配件或组件。其枪管可快速拆卸和更换，显著提升了战场适应性和灵活性。

德国HK MG5通用机枪

英文名称：Heckler & Koch MG5
研制国家：德国
类型：通用机枪
制造厂商：HK公司
枪机种类：转栓式枪机
服役时间：2010年至今
主要用户：德国、葡萄牙、西班牙等

Firearms

基本参数	
口径	7.62毫米
全长	1160毫米
枪管长	550毫米
空枪重量	11.2千克
有效射程	1000米
枪口初速	840米/秒
弹容量	50发、120发

MG5通用机枪采用气动式自动原理、转栓式枪机以及开膛待击方式，仅支持全自动射击模式。其设计注重模块化，提供多种长度的枪管、不同类型的枪托、护木、握把以及多种容量的弹链盒，并配备丰富的可选配件。通过不同的组件和附件组合，MG5通用机枪能够变换为通用型、MG5A2步兵型、MG5S特种部队型以及MG5A1同轴机枪型等多种配置。

MG5通用机枪使用M13可散式弹链供弹，其抛壳方向与MG4轻机枪一致，均从机匣正下方排出。这种设计避免了在机匣侧面设置抛壳窗，从而保持了机匣的结构完整性和强度，确保了机匣的刚度。MG5通用机枪的气体调节器通过插入弹壳底缘进行拧动调节，可将射速调整至600发/分、700发/分或800发/分，射手可根据不同的使用环境选择合理的射速。

苏联/俄罗斯 RPD 轻机枪

英文名称：RPD

研制国家：苏联

类型：轻机枪

制造厂商：科夫罗夫机械厂

枪机种类：气动式

服役时间：1944年至今

主要用户：苏联、俄罗斯、泰国、芬兰等

基本参数	
口径	7.62毫米
全长	1037毫米
枪管长	521毫米
空枪重量	7.5千克
有效射程	800米
枪口初速	735米/秒
弹容量	100发

RPD轻机枪是捷格加廖夫于1943年设计的，有结构简单紧凑、质量较小、使用和携带较为方便等优点。

RPD轻机枪采用导气式工作原理，闭锁机构基本由DP轻机枪改进而成，属中间零件型闭锁卡铁撑开式，借助枪机框击铁的闭锁斜面撞开闭锁片实现闭锁。该枪采用弹链供弹，供弹机构由大、小杠杆，拨弹滑板，拨弹机，阻弹板和受弹器座等组成，弹链装在弹链盒内，弹链盒挂在机枪的下方。

▲ 一名美国士兵正在使用RPD轻机枪

▼ 大量的RPD轻机枪

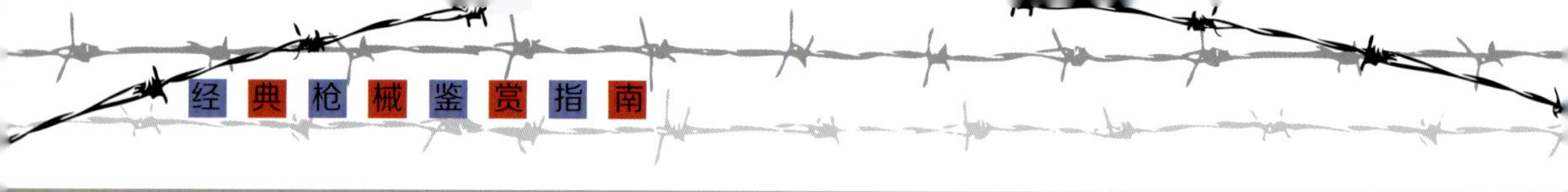

苏联 / 俄罗斯 RPK 轻机枪

英文名称：RPK

研制国家：苏联

类型：轻机枪

研发者：卡拉什尼科夫

枪机种类：

长行程导气式活塞、转栓式枪机

服役时间：1959年至今

主要用户：苏联、俄罗斯

Firearms

基本参数	
口径	7.62毫米
全长	1040毫米
枪管长	590毫米
空枪重量	4.8千克
最大射程	1000 米
枪口初速	745米/秒
弹容量	60发、100发

RPK轻机枪是以AKM突击步枪为基础发展而成的，具有重量轻、机动性强和火力持续性较好的特点。与AKM突击步枪相比，RPK轻机枪的枪管有所增长，而且增大了枪口初速。

RPK轻机枪的弹匣由合金制成，并能够与原来的钢制弹匣通用，后期还研制了一种玻璃纤维塑料压模成型的弹匣。该枪的护木、枪托和握把均采用树脂合成材料，以降低枪支重量并增强结构。RPK轻机枪还配备了折叠的两脚架以提高射击精度，由于射程较远，其瞄准具还增加了风偏调整。

▲ 大量的RPK轻机枪

▼ 士兵用RPK轻机枪进行射击训练

俄罗斯RPK-16轻机枪

英文名称：RPK-16
研制国家：俄罗斯
类型：轻机枪
制造厂商：卡拉什尼科夫集团
枪机种类：转栓式枪机
服役时间：2018年至今
主要用户：俄罗斯

基本参数	
口径	5.45毫米
全长	1106毫米
枪管长	580毫米
空枪重量	6千克
有效射程	800米
枪口初速	745米/秒
弹容量	30发、45发、60发、95发

RPK-16轻机枪是RPK-74轻机枪的现代化改进型，同时也是AK-12突击步枪的重枪管版本。它继承了经典的卡拉什尼科夫布局，并融合了AK-12项目中的多项先进技术。在外观设计上，RPK-16与AK-12的主要区别在于其护木采用自由浮置式设计且长度更长，下机匣与护木连接处增加了纵向加强筋。此外，RPK-16的枪口装置与AK-12不同，其枪管更为厚重，快速更换枪管的操作流程也有所区别。

RPK-16轻机枪具备快速更换枪管的能力，提供长短两种枪管选项。该枪还配备可拆卸的两脚架、快速拆卸式消音器和可拆卸式提把。安装短枪管时，RPK-16的尺寸与AK-12相近，但其重型枪管和加强的机匣结构使其能够在短时间内提供持续密集的火力；而使用长枪管时，则可提供中远距离的精准火力支援。

苏联 / 俄罗斯 PK/PKM 通用机枪

英文名称：PK/PKM

研制国家：苏联

类型：通用机枪

制造厂商：捷格佳廖夫设计局等

枪机种类：气动式、开放式枪机

服役时间：1960年至今

主要用户：苏联、俄罗斯、捷克、乌克兰等

基本参数	
口径	7.62毫米
全长	1173毫米
枪管长	658毫米
空枪重量	8.99千克
有效射程	1000米
枪口初速	825米/秒
弹容量	100发、200发、250发

1959年，PK通用机枪开始少量装备苏军的机械化步兵连。20世纪60年代初，苏军正式用PK通用机枪取代了SGM轻机枪，之后，其他国家也相继装备PK系列通用机枪。

PK通用机枪的原型是由AK-47自动步枪，两者的气动系统及回转式枪机闭锁系统相似。PK通用机枪枪机容纳部用钢板压铸成形法制造，枪托中央也挖空，并在枪管外围刻了许多沟纹，以致PK通用机枪只有9千克。PK通用机枪发射7.62 × 54毫米口径弹药，弹链由机匣右边进入，弹壳在左边排出。

▲ PKM机枪

▼ 士兵用PKM机枪执行任务训练

俄罗斯 AEK-999 通用机枪

英文名称：AEK-999

研制国家：俄罗斯

类型：通用机枪

制造厂商：KMZ兵工厂

枪机种类：气动式

服役时间：1995年至今

主要用户：俄罗斯

基本参数	
口径	7.62毫米
全长	1188毫米
枪管长	605毫米
空枪重量	8.74千克
有效射程	1500米
枪口初速	825米/秒
弹容量	100发、200发

AEK-999通用机枪是由PKM通用机枪改进而来的。为了提高耐用性，该枪大部分零件的材料采用航炮炮管用钢材。枪管有一半的长度外表有纵向加劲肋，起加速散热的作用，枪管顶部有一条长形的金属盖，作用是减少枪管散热对瞄准线产生的虚影现象。另外，枪管下增加了塑料制的下护木，便于在携行时迅速进入射击姿势。

AEK-999有一个非常独特的装置，那就是它的多用途枪口装置——枪口消声消焰器。这个装置具有提高精度、降低枪口噪音、削弱射击声音等特点。消除枪口焰光，可使射手在夜间射击时不会被枪口火焰影响视线。

俄罗斯Pecheneg通用机枪

英文名称：Pecheneg Machine Gun
研制国家：俄罗斯
类型：通用机枪
制造厂商：俄罗斯联邦工业设计局
枪机种类：气动式
服役时间：1999年至今
主要用户：俄罗斯

基本参数	
口径	7.62毫米
全长	1155毫米
枪管长	658毫米
空枪重量	8.7千克
有效射程	1500米
枪口初速	825米/秒
弹容量	100发、200发、250发

Pecheneg通用机枪是由俄罗斯联邦工业设计局研发设计的，其设计理念借鉴了苏联的PK通用机枪。

与PK通用机枪相比，Pecheneg通用机枪最主要的改进有几点：第一，该枪使用了一根具有纵向散热开槽的重型枪管，从而消除在枪管表面形成上升热气以及保持枪管冷却，使其射击精准度更高，可靠性更好；第二，该枪能够在机匣左侧的瞄准镜导轨上，安装上各种快拆式光学瞄准镜或是夜视瞄准镜，以额外增加其射击精准度。

▲ 士兵正在使用Pecheneg通用机枪

▼ 2010年工程技术国际论坛上的Pecheneg展出枪

苏联 SG43 重机枪

英文名称：SG-43 Goryunov
研制国家：苏联
类型：重机枪
研发者：郭留诺夫
枪机种类：气动式
服役时间：1943～1968年
主要用户：苏联

基本参数	
口径	7.62 毫米
全长	1150毫米
枪管长	720毫米
空枪重量	13.8千克
有效射程	1500米
枪口初速	800米/秒
弹容量	200发、250发

SG43重机枪是二战中苏联军队的制式装备，主要作用是增强捷格加廖夫系列轻机枪的火力，对付低空飞行目标。

SG43重机枪采用导气式工作原理，闭锁机构为枪机偏转式，机框上的靴形击铁与枪机上的靴形槽相互作用，使枪机偏转，进行闭锁。该枪瞄准装置由圆柱形准星和立框式表尺组成，照门为方形缺口式，上有横表尺，可进行风偏修正。表尺框左边刻度为发射重弹用的分划，右边刻度为发射轻弹用的分划。

苏联/俄罗斯NSV重机枪

英文名称：NSV machine gun

研制国家：苏联

类型：重机枪

制造厂商：KBP仪器设计局

枪机种类：气动式

服役时间：1971年至今

主要用户：苏联、俄罗斯

基本参数	
口径	12.7毫米
全长	1560毫米
枪管长	1100毫米
弹容量	50发
空枪重量	25千克
有效射程	2000米
枪口初速	845米/秒
弹容量	50发

由于NSV重机枪整体性能卓越，且多处结构有所创新，所以该枪曾被华约成员国广泛用作步兵通用机枪，其地位与勃朗宁M2重机枪不相上下。NSV重机枪全枪大量采用冲压加工与铆接装配工艺，这样既简化了结构，又减轻了全枪质量，生产性能也较好。在恶劣条件下使用时，该枪比DShK重机枪的性能更可靠，机匣的结构能确保射击中火药燃气后泄少，从而可作车载机枪或在阵地上使用。

NSV重机枪无传统的抛壳挺，弹壳被枪机的抽壳钩钩住，从枪膛拉出，枪机后坐时利用机匣上的杠杆使弹壳从枪机前面向右滑，偏离下一发弹的轴线。

苏联 / 俄罗斯 Kord 重机枪

英文名称：Kord machine gun

研制国家：俄罗斯

类型：重机枪

制造厂商：V.A.狄格特亚耶夫工厂

枪机种类：转栓式枪机

服役时间：1998年至今

主要用户：俄罗斯

基本参数	
口径	12.7毫米
全长	1625毫米
枪管长	1070毫米
空枪重量	27千克
有效射程	2000米
枪口初速	820~860米/秒
弹容量	50发、150发

Kord重机枪的设计目的是对付轻型装甲目标。目前，Kord重机枪已经建立了其生产线，正式通过了俄罗斯军队测试并且被俄罗斯军队所采用。

Kord重机枪的性能、构造和外观上都类似于苏联的NSV重机枪，但内部机构已经做了大量的重新设计。这些新的设计让该枪的后坐力比NSV重机枪小了很多，也让其在持续射击时有更大的射击精准度。Kord重机枪新增了构造简单、可以让步兵队更容易使用的6T19轻量两脚架，这样使Kord重机枪可以利用两脚架协助射击。

比利时 FN MAG 通用机枪

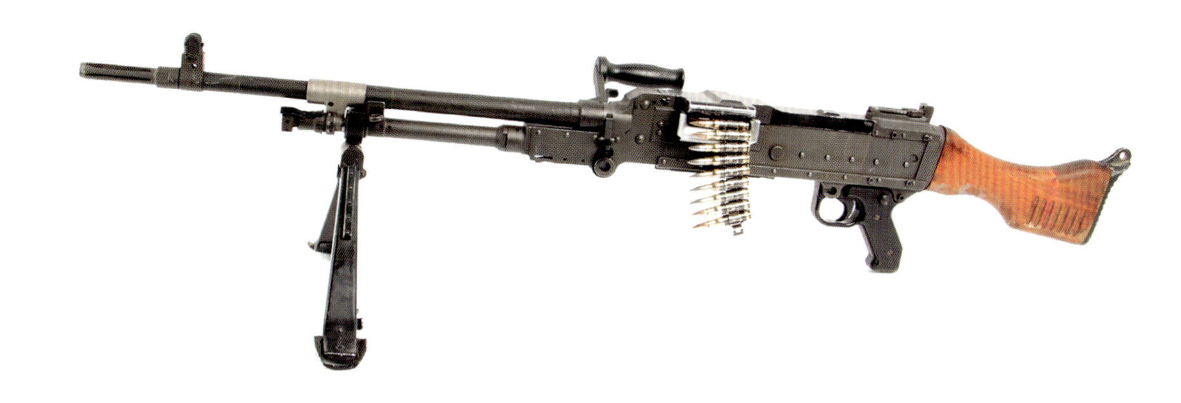

英文名称：FN MAG
研制国家：比利时
类型：通用机枪
制造厂商：FN公司
枪机种类：开放式枪机
服役时间：1958年至今
主要用户：比利时、美国、英国等

基本参数	
口径	7.62毫米
全长	1263毫米
枪管长	487.5毫米
空枪重量	11.79千克
有效射程	600米
枪口初速	825~840米/秒
弹容量	250发

FN MAG通用机枪的设计借鉴了美国M1918轻机枪和德国MG42通用机枪，至今该枪已有近60年的历史，由于其具有战术使用广泛、射速可调、结构坚实、机构动作可靠、适于持续射击等优点，目前仍旧装备于至少75个国家。

FN MAG机匣为长方形冲铆件，前后两端有所加强，分别容纳枪管节套活塞筒和枪托缓冲器。机匣内侧有纵向导轨，用以支撑和导引枪机和机框往复运动。闭锁支承面位于机匣底部，当闭锁完成时，闭锁杆抵在闭锁支承面上。机匣右侧有机柄导槽，抛壳口在机匣底部。机匣和枪管节套用隔断螺纹连接，枪管可以迅速更换。枪管正下方有导气孔，火药气体经由导气孔进入气体调节器。

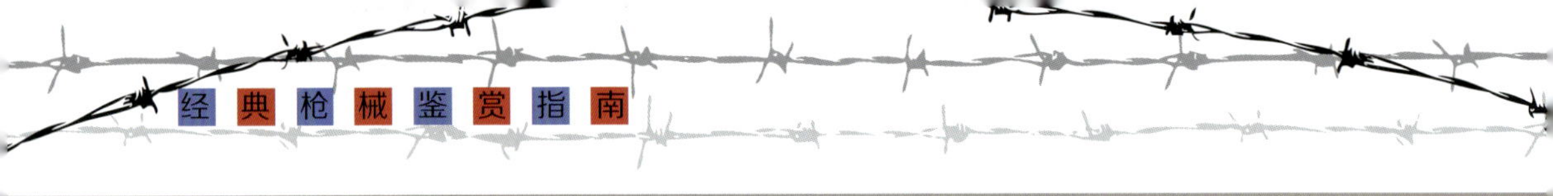

比利时 FN Minimi 轻机枪

英文名称：FN Minimi
研制国家：比利时
类型：轻机枪
制造厂商：FN公司
枪机种类：气动式、开放式枪机
服役时间：1982年至今
主要用户：比利时、法国、意大利等

基本参数	
口径	5.56毫米
全长	1038毫米
枪管长	465毫米
空枪重量	7.1千克
有效射程	1000米
枪口初速	925米/秒
弹容量	20发、30发、100发

FN Minimi轻机枪是FN公司在20世纪70年代研发的，主要装备步兵、伞兵和海军陆战队。

FN Minimi轻机枪采用开膛待击的方式，增强了枪膛的散热性能，有效防止枪弹自燃。导气箍上有一个旋转式气体调节器，并有三个位置可调：一个为正常使用，可以限制射速，以免弹药消耗量过大；一个位置为在复杂气象条件下使用，通过加大导气管内的气流量，减少故障率，但射速会增高；还有一个是发射枪榴弹时用。

比利时 FN BRG15 重机枪

英文名称：FN BRG15

研制国家：比利时

类型：重机枪

制造厂商：FN公司

枪机种类：气动式

服役时间：1980年至今

主要用户：比利时

Firearms

基本参数	
口径	15毫米
全长	2150毫米
枪管长	1500毫米
空枪重量	60千克
有效射程	2000米
枪口初速	1055米/秒
供弹方式	可散式弹链

FN BRG15是FN公司于1980年早期为了作为勃朗宁M2HB .50 口径重机枪的潜在取代武器而研制的。该枪发射专用的15 × 115毫米口径枪弹，枪口动能极高，穿甲能力极强。

该枪使用机械瞄准具，前方有柱形准星，无护罩，装在机匣前部；后方有缺口式照门，可调高低和风偏。机匣用冲压钢制成，内部装有缓冲器，因此该枪可以装在多种支架上射击。该枪最突出的特点是可以左、右弹链供弹，枪上有一个选择杆可使射手选择供弹方向。此外，该枪的保险机构有着多种作用：第一，当弹链取出时，将不能射击；第二，假如活动件没后坐到位，枪机框后边的卡笋将限制射击；第三，枪机未完全闭锁时，击针是锁定的。

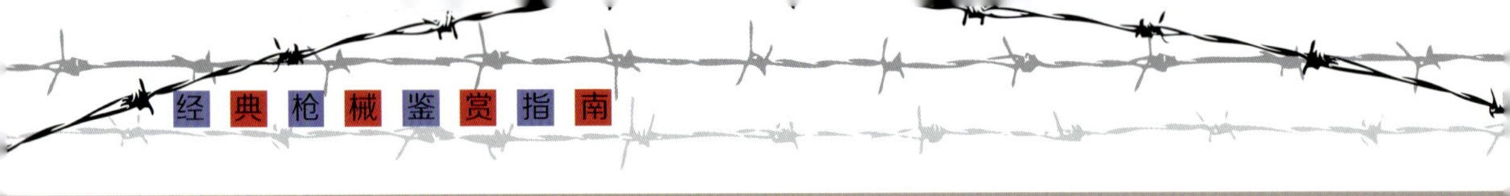

法国 FM24 轻机枪

英文名称：FM 24
研制国家：法国
类型：轻机枪
制造厂商：法国军队
枪机种类：导气式
服役时间：1925～2008年
主要用户：法国

基本参数	
口径	7.5毫米
全长	1080毫米
枪管长	600毫米
空枪重量	9.75千克
有效射程	500米
枪口初速	830米/秒
弹容量	25发

1924年，法国军队为了取代旧式的Chauchat轻机枪，研发了FM24轻机枪。由于该枪具有良好的可靠性，很快就在法国军队里普及装备。不过，该枪也存在着一些缺陷：第一，该枪在战斗状态下不能很快地更换枪管；第二，位于机匣上方的弹匣在射击时会阻挡射手的视线。

FM24轻机枪采用导气式工作原理，枪机偏移式闭锁机构，击锤式击发机构。该枪的特别之处在于它有两个扳机：扣动前面的扳机是单发发射，扣动后面的则是连发发射。该枪采用可以避免虚光的机械瞄具，片状表尺。该枪初期使用7.5×57毫米口径弹药，1929年的版本改为使用7.5×54毫米口径弹药。

法国 AAT-52 通用机枪

英文名称：AAT-52

研制国家：法国

类型：通用机枪

制造厂商：圣-艾蒂安兵工厂

枪机种类：杠杆延迟气体反冲式

服役时间：1952～2008年

主要用户：法国、西班牙、爱尔兰等

基本参数	
口径	7.5毫米
全长	1080毫米
枪管长	600毫米
空枪重量	10.6千克
有效射程	1200米
枪口初速	840米/秒
弹容量	200发

AAT-52通用机枪有重心太靠后、操作性能差和枪管质量不高等缺点，但结构简单、生产方便等优点使其在军队中还是有一席之地。

AAT-52通用机枪其内部的反冲式操作系统是以杠杆作为基础，此系统主要分为两部分——闭锁杠杆和闭锁槽。发射子弹时，在高压气体的压力推动下，闭锁杠杆会自动卡入机匣内部的闭锁槽内，使得枪机主体快速向后后坐。闭锁杠杆经过旋转后，与机匣的闭锁槽自动解脱。再经过一定的时间后，击针会拉动枪机机头，然后自动抽弹壳、压缩复进簧，把弹壳排出、从弹链中抽出下一发子弹并送入膛室。

新加坡 Ultimax 100 轻机枪

英文名称：Ultimax 100

研制国家：新加坡

类型：轻机枪

制造厂商：新加坡特许工业公司等

枪机种类：气动式，转栓式枪机

服役时间：1985年至今

主要用户：新加坡、美国、英国等

基本参数	
口径	5.56毫米
全长	1024毫米
枪管长	508毫米
空枪重量	4.9千克
有效射程	460米
枪口初速	970米/秒
弹容量	30发、100发

Ultimax 100轻机枪由新加坡特许工业公司研发生产，其特点是重量轻、命中率高。该枪可选择射击模式包括保险及全自动，部分型号更具有保险、单发、三连发及全自动。除了被新加坡军队采用外，也出口到其他国家。

Ultimax 100轻机枪采用旋转式枪机闭锁系统，枪机前端附有微型闭锁凸耳，只要产生些许旋转角度便可与枪管完成闭锁。该枪最特别之处是它采用恒定后坐机匣运作原理，枪机后坐行程大幅度加长，令射速和后坐力比其他轻机枪低，但射击精准度要高。

新加坡 CIS 50MG 重机枪

英文名称：CIS 50MG

研制国家：新加坡

类型：重机枪

制造厂商：新加坡特许工业公司

枪机种类：长行程活塞气动式

服役时间：1991年至今

主要用户：新加坡

基本参数	
口径	12.7毫米
全长	1778毫米
枪管长	1143毫米
空枪重量	9千克
有效射程	1500米
枪口初速	890米/秒
弹容量	250发

CIS 50MG重机枪是20世纪80年代后期，由新加坡特许工业公司自主研发和生产的气动式操作、弹链供弹式重机枪。

CIS 50MG重机枪装有一根可以快速拆卸的枪管，配备一个与枪管整合了的提把，即使不戴隔热石棉手套也可以在作战或是实战演习时，快速方便地更换过热或损毁的枪管。该枪的双向弹链供弹系统能够让机枪快速、容易转换发射的枪弹，例如发射标准圆头实心弹时，可以改为发射另一边的Raufoss MK 211高爆燃烧穿甲弹。

南非 SS-77 通用机枪

英文名称：Vektor SS-77
研制国家：南非
类型：通用机枪
制造厂商：维克多武器公司等
枪机种类：开放式枪机
服役时间：1986年至今
主要用户：南非、哥伦比亚、马来西亚等

基本参数	
口径	7.62毫米
全长	1155毫米
枪管长	550毫米
空枪重量	9.6千克
有效射程	1800米
枪口初速	840米/秒
弹容量	250发

SS-77通用机枪是根据苏联的PKM机枪改进而来的，于1986年装备南非国防军。虽然该枪知名度不如同时代的其他机枪，但大部分轻武器专家认为它是最好的通用机枪之一。

在SS-77的右侧，装填拉柄和活动机件是分开的，其上裹有尼龙衬套。枪管结构和比利时的MAG机枪相似，气体调节器安装在导气箍上，此外，枪管后半部外部有纵槽，既可减轻枪管重量，又可增加枪管的散热面积。维克多武器公司还为该机枪配备了一款有着捷克斯洛伐克风格的三脚架，将SS-77安装在三脚架上便可作为重机枪使用。

韩国大宇 K3 轻机枪

英文名称：K3

研制国家：韩国

类型：轻机枪

制造厂商：S&T大宇集团

枪机种类：转栓式枪机

服役时间：1991年至今

主要用户：韩国、哥伦比亚、印度尼西亚等

Firearms ★★☆

基本参数	
口径	5.56毫米
全长	1030毫米
枪管长	533毫米
空枪重量	6.85千克
有效射程	600 ~ 800米
枪口初速	960米/秒
弹容量	30发、200发

K3轻机枪是由韩国S&T大宇集团研发生产的，是韩国继K1A卡宾枪和K2突击步枪之后开发的第三种国产枪械，设计理念借鉴了FN Minimi轻机枪。它的最大优点在于它比M60通用机枪更轻，而且可以与K1A和K2共用子弹。供弹方式来自30发可拆卸式STANAG弹匣或 200发M27金属可散式弹链。它既可以展开其两脚架用作班用自动武器角色，又可装在三脚架上用作据点防卫或持续的火力支援。

该枪只能进行连发发射，因此发射机构十分简单，由扳机、阻铁和横闩式保险组成。与FN Minimi轻机枪一样，K3轻机枪扳机底端开有一个圆孔，该圆孔上可以加装冬季用扳机，以方便冬天戴手套时扣动扳机。

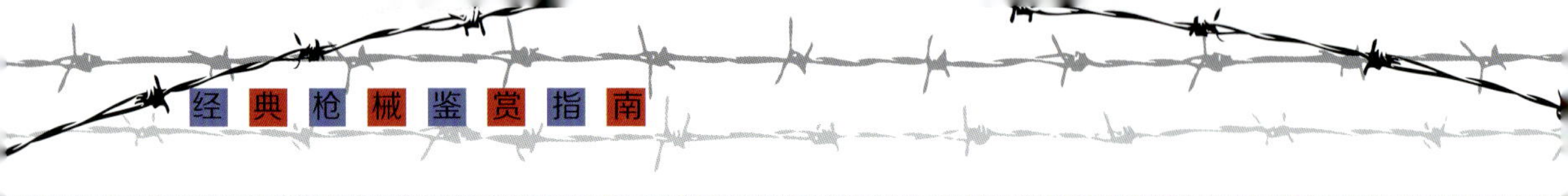

韩国大宇 K16 通用机枪

英文名称：Daewoo K16
研制国家：韩国
类型：通用机枪
制造厂商：大宇集团
枪机种类：转栓式枪机
服役时间：2021年至今
主要用户：韩国

基本参数	
口径	7.62毫米
全长	1234毫米
枪管长	559毫米
空枪重量	12千克
有效射程	1100米
枪口初速	840米/秒
弹容量	100发、200发

K16通用机枪采用7.62×51毫米北约标准口径弹药，并配备金属制可散式弹链供弹系统，不支持弹匣等其他供弹方式。在KUH-1“完美雄鹰”直升机的测试中，该机枪经受了30万发子弹的密集射击考验，展现出卓越的可靠性，未出现任何重大故障。

K16通用机枪的保险装置设计与K3轻机枪（比利时FN Minimi轻机枪的韩国版）类似，采用横闩式结构。机匣采用钢材冲压成型，供弹机盖则由铝合金制成。尽管在设计上与K3轻机枪存在相似性，但K16的机匣及其他关键部件经过放大处理，以适应更大口径弹药的需求。该机枪的标准配件包括折叠式两脚架、快速更换枪管、气体调节器和消焰器。此外，还配备可折叠的网状防空瞄准具和可折叠的立框式标尺瞄准具。

以色列内盖夫轻机枪

英文名称：Negev

研制国家：以色列

类型：轻机枪

制造厂商：IMI公司

枪机种类：气动、转栓式枪机

服役时间：1997年至今

主要用户：以色列、泰国、乌克兰等

Firearms ★★★

基本参数	
口径	5.56毫米
全长	1020毫米
枪管长	460毫米
空枪重量	7.5千克
有效射程	1000米
枪口初速	950米/秒
弹容量	35发、50发、150发、200发

内盖夫轻机枪是以色列国防军的制式多用途轻机枪，装备的部队包括所有的正规部队和特种部队。内盖夫轻机枪使用的枪托可折叠存放或展开，这种灵活性已经让内盖夫被用于多种角色，例如传统的军事应用或在近距离战斗使用中。内盖夫是一把可靠及准确的轻机枪，有着轻型、紧凑及适合沙漠作战的优势，更可通过改变部件或设定来执行特别行动而不会减低火力及准确度。后期型内盖夫轻机枪配有独立前握把及可拆式激光瞄准器，也可装上短枪管，枪托折叠时不会阻碍弹盒，设计紧凑。内盖夫轻机枪的射速可以调节，一种射速为650~850发/分，另一种射速为750~1000发/分。

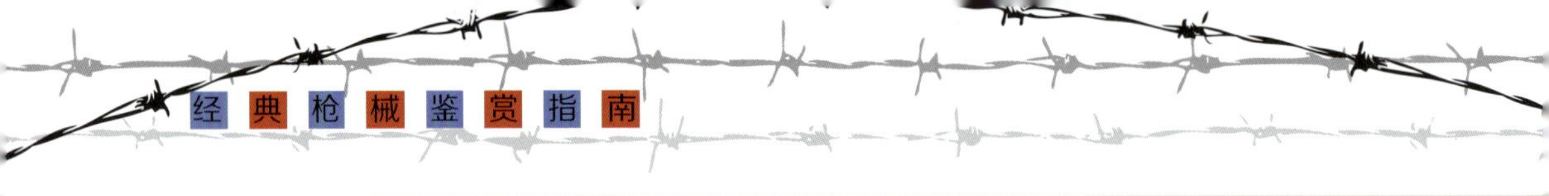

以色列内盖夫 NG7 通用机枪

英文名称：Negev NG7
研制国家：以色列
类型：通用机枪
制造厂商：IMI
枪机种类：转栓式枪机
服役时间：2012年至今
主要用户：
以色列、印度、菲律宾、越南等

Firearms ★★★

基本参数	
口径	7.62毫米
全长	1000毫米
枪管长	508毫米
空枪重量	7.6千克
有效射程	1000米
枪口初速	860米/秒
弹容量	100发、125发、200发

NG7通用机枪是以色列IMI在5.56毫米内格夫轻机枪的基础上研发的一款7.62×51毫米北约口径通用机枪。该枪继承了以色列轻武器结构简单、可靠性高、适应恶劣环境的特点，并针对风沙、严寒、酷暑等复杂作战条件进行了优化。其气体调节器设有“正常模式”和“恶劣模式”两个档位，可根据作战环境灵活调整。

NG7通用机枪采用长行程活塞气动式自动原理，具备快速更换枪管功能，枪管上配备提把，便于拆卸时避免烫伤。该枪使用轻型可散式弹链供弹，具有低故障率和快速装填的特点，特别适合在恶劣环境下使用。此外，NG7还配备了精巧的复进簧和加厚缓冲垫，有效降低了后坐力。机枪的总体布局合理，密封性能优异，防尘设计使其在恶劣条件下仍能保持内部清洁。

瑞士富雷尔 M25 轻机枪

英文名称：Furrer M25
研制国家：瑞士
类型：轻机枪
制造厂商：伯尔尼兵工厂
枪机种类：后坐式
服役时间：1925～1957年
主要用户：瑞士

基本参数	
口径	7.5毫米
全长	1163毫米
枪管长	585毫米
空枪重量	8.65千克
有效射程	800米
理论射速	1200发/分
弹容量	30发

富雷尔M25轻机枪是二战期间瑞士军队的制式武器，号称“保卫阿尔卑斯山的秘密武器”。该枪以高射击精准度著称，即使在今天，它射击精准度的结构设计仍值得设计者借鉴。

富雷尔M25轻机枪采用枪管短后坐式自动方式，而没有像当时的很多机枪那样采用导气式自动方式，因此降低了机件间的猛烈碰撞，使得抵肩射击变得容易控制，从而提高了射击精度。单发射击时，富雷尔M25轻机枪的射击精准度相当于狙击步枪。

参考文献

[1] 军情视点. 全球枪械图鉴大全. 北京：化学工业出版社，2016.

[2] 军情视点. 全球狙击步枪100. 北京：化学工业出版社，2013.

[3]《深度军事》编委会. 现代枪械大百科[M]. 北京：清华大学出版社，2015.

[4]《深度军事》编委会. 世界名枪鉴赏指南[M]. 北京：清华大学出版社，2014.

[5] 军情视点. 全球枪械图鉴大全[M]. 北京：化学工业出版社，2016.

[6] 床井雅美. 现代军用枪械百科图典[M]. 北京：人民邮电出版社，2012.